全国建材行业创新规划教材

高等职业教育校企“双元”合作活页式教材

新型干法水泥设备巡检

主 编 张向红 乔丽娜 何金峥

副主编 许加达 杨永朝

中国建材工业出版社

图书在版编目（CIP）数据

新型干法水泥设备巡检/张向红，乔丽娜，何金峥主编．--北京：中国建材工业出版社，2022.11

全国建材行业创新规划教材 高等职业教育校企“双元”合作活页式教材

ISBN 978-7-5160-3396-8

Ⅰ.①新… Ⅱ.①张… ②乔… ③何… Ⅲ.①水泥—干法—化工设备—巡回检测—高等职业教育—教材 Ⅳ.①TQ172.6

中国版本图书馆 CIP 数据核字（2021）第 247815 号

新型干法水泥设备巡检

Xinxing Ganfa Shuini Shebei Xunjian

主　编　张向红　乔丽娜　何金峥

副主编　许加达　杨永朝

出版发行：中国建材工业出版社

地　　址：北京市海淀区三里河路 11 号

邮　　编：100831

经　　销：全国各地新华书店

印　　刷：中煤（北京）印务有限公司

开　　本：787mm×1092mm　1/16

印　　张：12.75

字　　数：210 千字

版　　次：2022 年 11 月第 1 版

印　　次：2022 年 11 月第 1 次

定　　价：49.80 元

本社网址：www.jccbs.com，微信公众号：zgjcgycbs

请选用正版图书，采购、销售盗版图书属违法行为

导言

一、课程性质

“新型干法水泥设备巡检”是以工作过程为导向，以巡检岗位能力要求为目标，结合《水泥生产巡检工》（2020 版）国家职业标准开发出来的学习领域课程，是建筑材料工程技术专业（水泥生产技术）的专业核心课程。

适用专业：建筑材料工程技术专业（水泥生产技术）

开设时间：第 3 学期

建议课时：64 学时

二、典型工作任务描述

巡检工种与中控操作员是相辅相成的两个工种，通过与中控操作员的相互配合，保障设备安全运转，结合《水泥生产巡检工》国家职业标准，以确保设备的高运转率。本课程以工作过程为导向，以巡检岗位能力要求为目标，共设计 5 个学习活动：石灰石破碎站设备巡检、生料制备设备巡检、熟料煅烧设备巡检、窑尾废气处理设备巡检、水泥制成设备巡检。各个任务均从各岗位的工艺流程图展开，设置认知流程、认识设备结构与工作原理、完成设备巡检内容、分析常见故障、完成停机检查维护、掌握设备开停机顺序，最终完成学习成果评价。

三、课程学习目标

通过本课程的学习，能够达到：

1. 熟知国家职业标准《水泥生产巡检工》考核内容。
2. 明确巡检工岗位职责和操作规程。
3. 能准确表述新型干法水泥设备的结构、工作原理及技术参数。

4. 能进行生料制备工段设备巡检。
5. 能进行熟料煅烧工段设备巡检。
6. 能进行水泥制成工段设备巡检。
7. 会维护保养设备。
8. 具备初步判定和排除设备运行中常见故障的能力。

若想成为一名合格的巡检人员，还需要培养以下职业素养：

1. 遵守法律、法规和有关规章制度。
2. 爱岗敬业，诚实守信，具有高度的责任心。
3. 严格执行技术规程和工作规范，安全文明生产。
4. 服从组织，团结协作，努力工作，奉献社会。
5. 刻苦钻研，精通业务，终身学习，不断创新。
6. 勤俭节约，艰苦奋斗，提高质量，降低成本。
7. 爱护设备和工具、器具，保持工作环境整洁有序。
8. 着装整洁，符合规定，注重修养，文明礼貌。

四、 学习情境设计

序号	学习情境	学习任务简介	学时
1	石灰石破碎站设备巡检	会进行带式输送机、板式喂料机、单段锤式破碎机和气箱脉冲袋式除尘器的运行巡检，能正确说出设备润滑部位，能分析处理常见故障	18
2	生料制备设备巡检	会进行原料配料站、立式磨、组合式旋风收尘器、斗式提升机和生料均化库的日常巡检，会进行设备润滑，能分析处理常见故障	16
3	熟料煅烧设备巡检	会进行预热分解设备、回转窑、篦式冷却机的日常巡检，会进行设备润滑，能分析处理常见故障	8
4	窑尾废气处理设备巡检	会进行增湿塔、高温风机、电收尘器的日常巡检，会进行设备润滑，能分析处理常见故障	12
5	水泥制成设备巡检	会进行辊压机、滑履磨、O-Sepa 选粉机和空气输送斜槽的日常巡检，会进行设备润滑，能分析处理常见故障	10

五、 职业素质培养设计

素质培养内容	评价标准
遵守法律、法规和有关规章制度	态度端正，无缺勤、迟到、早退现象
着装整洁，符合规定，注重修养，文明礼貌	穿戴整洁，注重修养，文明礼貌
严格执行技术规程和工作规范，安全文明生产 爱岗敬业，诚实守信，具有高度的责任心	积极参加教学活动，能按时完成工作任务
爱护设备和工具、器具，保持工作环境整洁有序	字迹清楚，书面整洁
服从组织，团结协作，努力工作，奉献社会	团队合作，与人交流能力（任务分组）
刻苦钻研，精通业务，终身学习，不断创新	刻苦钻研，精通业务，终身学习，不断创新
勤俭节约，艰苦奋斗，提高质量，降低成本	具有环保意识与节能意识

六、 课程思政设计

思政课程一览表（仅供参考）

模块名称	任务名称	思政融入点	思政素材	思政映射
模块1	任务1 带式输送机的巡检	1. 绘制结构简图 2. 托辊 3. 其他巡检点 4. 企业案例	1. 展示优秀作品 2. 胶带机火灾事故（视频） 3. 微雾抑尘装置 4. 带式输送机安全事故	1. 认真的态度 2. 细心、责任心 3. 环保意识、创新意识 4. 安全意识。必须谨记设备安全规范，严格执行设备安全操作规程，做到安全文明生产
	任务2 板式喂料机的巡检	1. 牵引链的巡检 2. 企业案例	1. 同心同德的成语故事 2. 为了进行斗争，我们必须把我们的一切力量拧成一股绳，并使这些力量集中在同一个攻击点上。——恩格斯 3. 板式喂料机尾轴断事故	1. 拧成一股绳，往一处使劲才能取得成功。（团结协作精神） 2. 责任心，爱岗就业
	任务3 单段锤式破碎机的巡检	1. 锤头的翻边使用、调头使用 2. 安全保护装置 3. 企业案例	1. 锤头的翻边使用、调头使用 2. 林则徐《赴戍登程口占示家人》：“苟利国家生死以，岂因祸福避趋之。” 3. 列举牺牲小我、成就大	1. 环保节约、降低成本的意识 2. 爱国情怀（牺牲小我的精神） 3. 创新意识

续表

模块名称	任务名称	思政融入点	思政素材	思政映射
模块 1			我的英雄人物 4. 石灰石破碎机系统增产优化方案	
	任务 4 气箱脉冲袋式除尘器的巡检	1. 工作原理 2. 滤袋的数量 3. 滤袋 4. 排出气体粉尘浓度	1. 各室过滤、清灰过程的交替有序进行 2. 每室滤袋数目 3. 更换下来的滤袋可以回收利用	1. 服从组织意识 2. 团体意识（人多力量大） 3. 环保意识
模块 2	任务 1 原料配料站的巡检	1. 电子皮带秤零点漂移故障分析 2. 企业案例	1. 粉尘的危害 2. 在线元素分析仪在生料配料系统中的应用	1. 爱护设备和工具、器具，保持工作环境整洁有序 2. 科技自信
	任务 2 立式磨的巡检	1. 蓄能器 2. 企业案例	1. 蓄势待发的故事，积蓄能量，等待时机爆发 2. 立磨密封给料系统改造	1. 刻苦钻研，精通业务，终身学习，不断创新 2. 创新意识、科技自信
	任务 3 组合式旋风收尘器的巡检	1. 壳体的巡检（4 个旋风子） 2. 卸料阀的巡检 3. 企业案例	1. 毛泽东《抗日游击战争的战略问题》：“一般地说来，游击队当分散使用，即所谓‘化整为零’。” 2. 细节决定成败的故事 3. 特型旋风收尘器在生料立磨粉磨系统中的应用	1. 化整为零、化繁为简的思想策略 2. 注重细节，具有高度的责任心 3. 创新意识、科技自信
	任务 4 斗式提升机的巡检	1. 斗式提升机结构 2. 企业案例	1. 举一反三的成语故事 2. 回转窑 TDG 胶带斗式提升机跑偏问题处理	1. 举一反三的能力 2. 严格执行技术规程和工作规范，安全文明生产
	任务 5 生料均化库的巡检	企业案例	入均化库斜槽中心筒改造	刻苦钻研，精通业务，终身学习，不断创新
模块 3	任务 1 预热分解设备的巡检	1. 悬浮预热器结构（旋风筒） 2. 企业案例	1. 创新有时是很简单的事例 2. 预热器堵塞	1. 创新有时很简单 2. 细心与责任心，分析问题和解决问题的能力

续表

项目名称	任务名称	思政融入点	思政素材	思政映射
模块3	任务2 回转窑的巡检	企业案例	浅析回转窑支承装置结构的改进	刻苦钻研，精通业务，终身学习，不断创新
	任务3 篦式冷却机的巡检	1. 篦式冷却机的结构 2. 企业案例	1. 各段篦床速度可调，分区供风 2. 熟料辊式破碎机替代锤式破碎机的实践	1. 具体情况具体分析。做事、想问题时，要根据事情的不同情况采取不同措施，不能一概而论 2. 刻苦钻研，精通业务，终身学习，不断创新 3. 环保意识和节能降耗意识
模块4	任务1 增湿塔的巡检	1. 增湿塔的作用 2. 增湿塔控制系统 3. 企业案例	1. $PM_{2.5}$ 2. 牛顿发现万有引力 3. 某企业增湿塔湿底事故	1. 环保意识 2. 透过现象看本质 3. 多角度分析问题
	任务2 窑尾高温风机的巡检	1. 高温风机叶片磨损（旋风筒内壁磨损、滤袋的磨损） 2. 企业案例	1. 水滴石穿的成语故事 2. 高温风机振动故障诊断与分析	1. 只要坚持不懈，细微之力也能做好很难办的事。也比喻只要有恒心，不断努力，持之以恒，事情就可能成功 2. 认真细致的态度；分析问题和解决问题的能力
	任务3 电收尘器的巡检	1. 工作原理 2. 反电晕现象 3. 案例分析	1. 造雪机 2. 宝贝放错了就是废物 3. 由一、二次电流及电压分析电除尘器故障	1. 抓住本质；举一反三 2. 找准位置；分清场合 3. 分析问题和解决问题的能力
模块5	任务1 辊压机的巡检	1. 辊压机的压力 2. 企业案例	1. 压力与效率关系图 2. 辊压机稳流仓结构的改进与探索	1. 过犹不及，事缓则圆 2. 刻苦钻研，精通业务，终身学习，不断创新
	任务2 滑履磨的巡检	1. 筒体的巡检 2. 球磨机运行中遇到哪些情况必须停磨 3. 企业案例	1. 不同仓因功能不同需不同的研磨体运动状态、不同衬板形状 2. 因地脚螺栓严重松动而导致球磨机停机 3. TRMK60.3 大型水泥立磨的应用	1. 带着目标去努力 2. 爱岗敬业，具有高度的责任心 3. 民族自豪感

续表

项目名称	任务名称	思政融入点	思政素材	思政映射
模块 5	任务 3 O-Sepa 选粉机的巡检	1. 壳体的巡检（一、二、三次风） 2. 企业案例	1.《杂曲歌辞·浪淘沙》——刘禹锡 2. O-Sepa 选粉机三次风的改进	1. 努力拼搏的顽强精神 2. 刻苦钻研，精通业务，终身学习，不断创新
	任务 4 空气输送斜槽的巡检	1. 进料溜板 2. 企业案例	1. 美国哥伦比亚航天飞机爆炸事件 2. XZBS 型空气输送斜槽的优化改造	1. 细节决定成败 2. 刻苦钻研，精通业务，终身学习，不断创新

备注：1. 本思政表格仅供参考，观察角度不同，思政融入点、思政素材、思政映射会存在差异；
2. 思政素材和思政映射的编号与思政融入点编号相对应。

七、 学业评价

学号	姓名	学习情境 1		学习情境 2		学习情境 3		学习情境 4		学习情境 5	
		分值	比例（20%）	分值	比例（20%）	分值	比例（20%）	分值	比例（20%）	分值	比例（20%）

八、 学习组织形式与方法

亲爱的同学：你好！欢迎你学习“新型干法水泥设备巡检”课程！

与你过去使用的传统教材相比，这是一种全新的学习材料，使用本活页式教材学习如何完成水泥设备巡检工作，能够助力你的综合职业能力发展，使你具备水泥设备巡检工初级和中级水平。在正式学习之前请你仔细阅读以下内容，了解即将开始的全新教学模式，做好相应的学习准备。

1. 主动学习

在学习过程中，你将获得与以往完全不同的学习体验，你会发现与传统课堂讲授为主的教学有着本质的区别——你是学习的主体，自主学习将成为本课程的主旋律。工作能力只有靠你自己亲自实践才能获得，而不能仅依靠教师的知识传授与技能指导。在工作过程中获取的知识最为牢固，而教师在你的学习和工作过程中只能对你进行方法的指导，为你的学习与工作提供帮助。你若想成为一名合格的水泥巡检工，就必须主动、积极、亲自去完成从原料处理到水泥入库整个生产过程的各项设备巡检任务，通过完成工作任务学会工作。主动学习将伴随你的职业生涯及成长，它可以使你快速适应新设备、新工艺、新技术。

2. 用好工作活页

首先，你要深刻理解学习情境的每一个学习目标，利用这些目标指导自己的学习并评价自己的学习效果。其次，你要明确学习内容的结构，尽量独自地去学习并完成各项学习任务，同时，你可以在教师和同学的帮助下，通过查阅国家职业标准《水泥生产巡检工》《新型干法水泥设备巡检》等资料，学习重要的工作过程知识。再次，你应当积极参与小组讨论，去尝试解决复杂和综合性的问题，进行工作质量的自检和小组互检，并注意操作规范和安全要求，在多种技术实践活动中形成自己的技术思维方式。最后，在完成一个工作任务后，反思是否有更好的方法或用更少的时间来完成工作目标。

3. 团队协作

课程的每个学习情境都是一个完整的工作过程，大部分的工作需要团队协作才能完成。教师会帮助大家划分学习小组，但要求各小组成员在组长的带领下，制订可行的学习与工作计划，并能合理安排学习与工作时间，分工协作、互相帮助、互相学习，广泛开展交流，大胆发表你的观点和见解，按时、保质、保量地完成任务。你是小组中的一员，你的参与和努力是团队完成任务的重要保证。

4. 把握好学习过程和学习资源

学习过程是由学习准备、计划与实施、评价反馈所组成的完整过程。你要养成理论与实践紧密结合的习惯，教师引导、同学交流、学习中的观察与独立思考、动手操作和评价反思都是专业技术学习的重要环节。

学习资源可以参阅二维码素材及每个学习任务所列的相关知识点。此外，你也可以通过图书馆、互联网等途径获得更多的专业技术信息，这将为你的学习与工作提供更多的帮助和技术支持，拓展你的视野。

在职业院校，你的核心任务是在学习中学会工作，这要通过在工作中学会学习来实现。学会学习和学会工作是我们对你的期待。同时，也希望把你的学习感受反馈给我们，以便我们能更好地为你提供教学服务。

预祝你学习取得成功，早日成为水泥设备巡检技术能手！

九、 教材编写说明

本教材由河北建材职业技术学院张向红、乔丽娜，秦皇岛市浅野水泥有限公司何金峥担任主编；博努力（北京）仿真技术有限公司许加达、邢台金隅咏宁水泥有限公司杨永朝担任副主编；河北建材职业技术学院李丽霞、张巧伟参编。具体分工为：张向红负责编写项目 1 中的任务 1、任务 2、任务 3、任务 4，项目 2 中的任务 1、任务 3、任务 4、任务 5，项目 4 及全书的统稿；乔丽娜负责项目 2 中的任务 2 和项目 5 中的任务 1、任务 2、任务 3 的编写；李丽霞和张巧伟负责项目 3 中任务 1、任务 2、任务 3 的编写；何金峥负责设备巡检表、开机前检查项目和停机维护项目的审核；许加达负责设备动画视频的制作；杨永朝负责企业案例的校验和审核。

本教材在编写过程中参考了大量的文献资料，在此特向其作者表示深深的谢意！由于编者水平有限、时间仓促，书中难免有不当之处，恳请广大读者提出批评和改进意见。

编　者

2022 年 8 月

目录

模块 1　石灰石破碎站设备巡检 …… 1

任务 1　带式输送机的巡检 …… 4
任务 2　板式喂料机的巡检 …… 17
任务 3　单段锤式破碎机的巡检 …… 25
任务 4　气箱脉冲袋式除尘器的巡检 …… 31

模块 2　生料制备设备巡检 …… 41

任务 1　原料配料站的巡检 …… 44
任务 2　立式磨的巡检 …… 55
任务 3　组合式旋风收尘器的巡检 …… 67
任务 4　斗式提升机的巡检 …… 75
任务 5　生料均化库的巡检 …… 81

模块 3　熟料煅烧设备巡检 …… 91

任务 1　预热分解设备的巡检 …… 94
任务 2　回转窑的巡检 …… 103
任务 3　篦式冷却机的巡检 …… 113

模块 4　窑尾废气处理设备巡检 …… 121

任务 1　增湿塔的巡检 …… 124
任务 2　窑尾高温风机的巡检 …… 135
任务 3　电收尘器的巡检 …… 145

模块 5　水泥制成设备巡检 …… 153

任务 1　辊压机的巡检 …… 156
任务 2　滑履磨的巡检 …… 167
任务 3　O-Sepa 选粉机的巡检 …… 175
任务 4　空气输送斜槽的巡检 …… 183

参考文献 …… 189

模块 1

石灰石破碎站设备巡检

项目导读

石灰石破碎是水泥生产线的第一道生产工序。目前，我国大部分水泥企业采用单段破碎工序，如图 1-1 所示。该工序使用的破碎机械为固定安装的单段锤式破碎机，并与给料斗、喂料设备、产品输送设备和收尘设备构成完整的破碎系统。

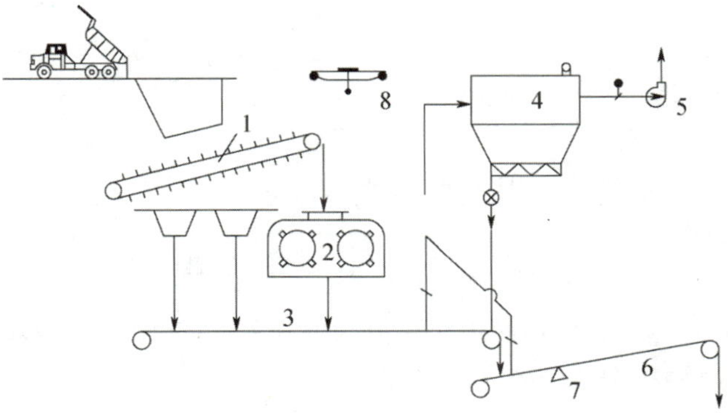

图 1-1　石灰石一级破碎流程

1—板式喂料机；2—锤式破碎机；3—带式输送机；4—收尘器；
5—排风机；6—带式输送机；7—通过式皮带秤；8—检修吊车

现在，若由你负责该工序各设备的巡检工作，你会沿着何种巡检线路，对各设备进行哪些内容的巡检呢？

学习目标

1. 具备破碎系统工艺布置知识。

2. 熟知带式输送机、板式喂料机、锤式破碎机、气箱脉冲袋式收尘器的结构、工作原理及技术参数。

3. 了解带式输送机、板式喂料机、锤式破碎机、气箱脉冲袋式收尘器的正常运转知识。

4. 培养绘图能力和计算机应用能力。
5. 遵守法律、法规和有关规章制度。
6. 严格执行技术规程和工作规范，安全文明生产。
7. 爱岗敬业，培养创新意识、环保意识、团结协作意识。

项目实施

任务1 带式输送机的巡检

任务描述

请完成带式输送机的巡检，其主要性能参数如下：

设备名称	主要性能
带式输送机	规格：DTⅡ槽型 B1400mm；头尾轮水平中心距：421000mm 物料粒度：0~80mm；输送量：max1800t/h 带速度：2.5m/s；输送物料：石灰石 倾角：0°；散装容量：1.35~1.45t/m^3
	减速器 DCY224-40；速度比：$i=40$ 电动机功率：220kW

学习目标

1. 熟练表述带式输送机的结构、工作原理及技术参数。
2. 能完成带式输送机运转中的巡检任务。
3. 能正确表述带式输送机开机前检查项目。
4. 能正确表述带式输送机停机维护项目。
5. 能分析带式输送机常见故障的产生原因及处理措施。
6. 培养绘图能力和计算机应用能力。

7. 树立环保意识、责任意识，培养创新意识。

8. 树立严格执行设备安全操作规程和安全文明生产的意识。

任务分组

班级		组号		指导老师	
组长		学号			
组员及任务分工					

工作准备

通过借阅或网上查询的方式，了解带式输送机结构、工作原理，以及巡检所需的仪器、工具。

步骤 1：请绘制带式输送机结构简图，并标出各部分名称。

皮带输送机的认知

步骤 2：运用 Excel 制作带式输送机设备巡检表。

带式输送机巡检点表

工作实施

1. 运行中的巡检

巡检点 1：机架

巡检点	巡检内容	工具/方法
机架		

小提示

机架是焊接件，通过地脚螺栓固定在输送机基础上。地脚螺栓紧固操作规程如下：

（1）标准：拧紧不同螺栓，应使用不同的扳手，用力应适当。重要部位的螺栓连接应按设计要求，采用力矩扳手。

（2）处理方法：

① 设备运转时，如发现个别螺栓松动，在紧固松动螺栓的同时，必须对其他螺栓检查紧固，紧固工作要对称进行。

② 如果发现地脚螺栓松动 30%以上，应停机对设备进行重平，重平时要注意确定“砂墩”“垫铁”的位置。一般情况下，“砂墩”“垫铁”应尽量靠近地脚螺栓，最好每个地脚螺栓旁放置一组。

③ 紧固时间不久，如再次发现松动，应检查设备是否受力不正常或设备基础是否出现变故。

巡检点 2：皮带

巡检点	巡检内容	工具/方法
皮带		

小提示

皮带是带式输送机的主要部分，它既是承载构件又是牵引构件，对输送机的性能起决定性作用。皮带在运输过程中易出现打滑、跑偏、胶面划伤等故障现象，需要通过巡检及时发现、及时处理。

巡检点 3：托辊

巡检点	巡检内容	工具/方法
托辊		

引导问题 1：运送物料时，细心观察你会发现支架上托着皮带的托辊都在转动。你知道原因吗？

引导问题 2：如果托辊有黏附物，会有怎样的影响？

巡检点 4：头部滚筒、改向滚筒、尾部滚筒

巡检点	巡检内容	工具/方法
头部滚筒 改向滚筒 尾部滚筒		

小提示

驱动滚筒有两种，一种是电动滚筒，另一种是普通滚筒。电动滚筒是把电动机和减速装置都装在驱动滚筒内，具有结构紧凑、占用空间位置小、操作安全、整机拆装方便、减少停机时间、质量轻、节约金属材料等优点，但结构较复杂，制造精度要求高，不宜用在环境温度大于40℃和物料温度高于50℃的场合。改向滚筒结构与驱动滚筒相似，但直径略小，主要用于胶带的转向和张紧。

巡检点5：拉紧装置

巡检点	巡检内容	工具/方法
拉紧装置		

小提示

拉紧装置的作用是拉紧输送机的胶带，限制胶带在各托辊间的垂度和保证胶带有足够的张力，使胶带与驱动滚筒间产生足够的摩擦牵引力，以保证正常工作。

由于具有一定的塑性，胶带在长时间运输物料过程中，会被慢慢地拉长，变得松动；加之尾部滚筒也可能会缓缓前移，使得头部滚筒与胶带间的摩擦力减小，降低功率效率，还会使胶带中心线偏离，导致皮带跑偏。

巡检点6：其他巡检点

巡检点	巡检内容	工具/方法
密封罩		
下料溜子		
安全拉绳开关		
物料情况		

小提示

皮带机安全拉绳开关

拉绳开关由拉杆、复位柄、凸轮、锁槽及微动开关等组成。拉绳开关安装于皮带输送机两侧的机架上，用钢丝绳沿着输送机两侧把开关连接起来。当输送带设备发生紧急事故时，在现场沿线任意处拉动钢丝绳，钢丝绳牵动驱动臂旋转，通过传动轴带动扭力弹簧使精密凸轮发生位移，驱动控制线路，使得输送机停止运行。

输料皮带拉绳开关属手动复位。手动复位动作后有自锁装置，能保持在操作位置上，需要手动操作复位手柄使其返回初始位置。拉绳开关是带式输送机必备的安全保护装置，可防止事故扩大而带来重大损失。当紧急事故发生时，在现场沿线任意处拉动拉绳开关，均可发出停机信号，实现对人身及设备的保护。在皮带机正常运行时，千万注意不要触动拉绳，以免意外停机。若造成停机，需立即检查拉绳开关的臂杆是否在两触点的中间位置，若是，则正面拉动臂杆上的定位螺栓，将臂杆复位，再行开机或通知控制室开机。皮带机拉绳开关要定期试验并做好记录。

巡检点7：电动机

巡检点	巡检内容	工具/方法
电动机		

巡检点8：减速机

巡检点	巡检内容	工具/方法
减速机		

小提示

轴承温升超标后的维护规程

（1）标准

润滑部位的温升变化应低于设备的规定温升，对于一般设备技术标准如下：

① 滑动轴承温升不超过 45℃，最高温度不超过 65℃。

② 滚动轴承温升不超过 50℃，最高温度不超过 80℃。

③ 电机温升不超过 65℃，最高温度不超过 95℃。

（2）处理方法

对于滚动轴承温升超标采取的措施是：

① 寻找发热原因，对症实施：润滑是否适宜，油多、缺油都会引起轴承发热；注意标号选择应与环境温度保持一致；油质清洁，必要时应用洁净油清洗，如停车一定要将轴承箱先行清洁；检查设备是否平稳；对带有顶紧套和拆卸套的轴承，按要求进行紧固。

② 严密观察温度的发展趋势，如能保持相对稳定，设备可运行。

③ 如发现轴承滚珠等已碎，应立即停机更换，避免事故扩大。

④ 采取紧急措施，降低环境温度，如风冷却、水冷却、加大排水量等。

对于滑动轴承温升超标采取的措施是：

① 带油勺失灵，补充新油并及时修复带油勺。

② 油质不洁或黏度不够，清洗油箱、提高油的黏度，更换新油。

③ 冷却不足，加大冷却水管。

④ 轴瓦磨损，更换轴瓦。

⑤ 轴与瓦接触不良，重新刮研。

2. 带式输送机的润滑

根据表 1-1，在图 1-2 中标出带式输送机需润滑部位的序号，并完成表格内容。

表 1-1　带式输送机的润滑部位

序号	润滑点		润滑剂		
	润滑部位	润滑方式	名称	标准代号	换油期
1	传动滚筒轴承				
2	尾部滚筒轴承				
3	拉紧滚筒轴承				
4	承重托辊				
5	回程托辊				
6	刮板轴承				
7	减速器				

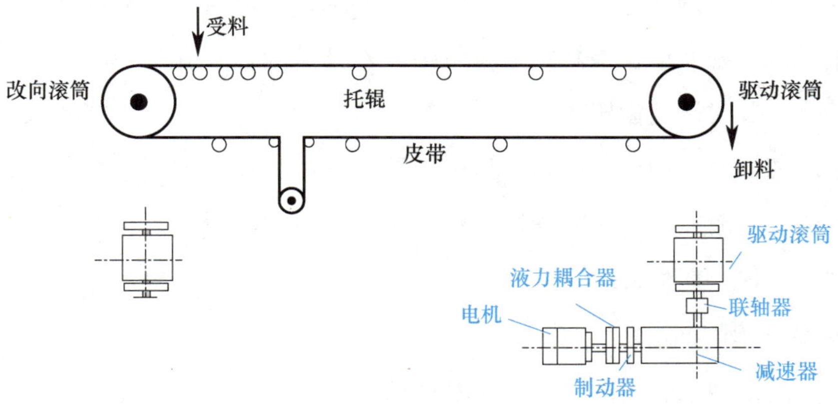

图 1-2　带式输送机润滑部位图

小提示

带式输送机的润滑

（1）减速机齿轮轴承的润滑

减速机齿轮常用飞溅润滑，就是通过齿轮传动，把润滑油带起，飞溅到各个齿轮工作面，使之始终保持一层油膜，润滑油必须有较高的黏度和较好的油性。由于带式输送机用的大多为二级减速机，一般用 46~48 号机械润滑油（北方常使用 00 号润滑脂）。为减少传动的阻力和温升，飞溅润滑时中间轴上的大齿轮要浸入油中，其浸入深度以 1~2 个齿高为宜，齿轮圆周速度高的还应该浅些，但不能小于 10mm。齿轮圆周速度低的最多浸到 1/3 的齿轮半径。润滑圆锥齿轮时，齿轮浸入油中的深度应达到齿轮的整个宽度。齿轮减速机润滑油不宜太多，因为油太多会增加齿轮传动的阻力和增加润滑油的温升，其温升会加速油的氧化，降低润滑性能。但润滑油又不能太少，因为润滑油太少，起不到润滑齿轮及轴承的作用，齿轮工作表面的油膜难以保持，从而会加速轴承和齿轮的磨损。

带式输送机减速机使用的大多数为滚动轴承，当减速机浸油齿轮的圆周速度在3m/s 以上时，可采用飞溅润滑；当减速机浸油齿轮的圆周速度在 3m/s 以下时，因为浸油齿轮飞溅的油量不能满足轴承运转的需要，所以最好采用刮油润滑，或根据轴承转动圆周速度的大小选用脂润滑或者滴油润滑。

减速机的润滑是带式输送机润滑的核心工作，因此，生产工人要经常检查减速箱体上的油面指示器，判断润滑油是否达到油标要求，缺油时要及时补加，以保证减速机齿轮与轴承的良好润滑；检修人员应每半年打开减速器视孔盖，检查齿轮啮合、磨损和润滑情况，及时调整齿轮啮合空隙，改善齿轮啮合条件；专业技术人员应每年从减速机中采取油样，利用铁普仪和计算机辅助处理进行油样磨损颗粒分析，以决定减速机是否换油。一般连续运转减速机应每三年更换一次润滑油，否则易使减速机中某些重要零部件出现早期失效。

（2）滚筒轴承的润滑

滚筒常用滑动轴承、滚动轴承和托辊轴承三种。

① 滑动轴承润滑：滑动轴承由轴承座、轴承盖、轴瓦三部分组成，轴瓦有圆筒式和剖分式两种。轴瓦上开有油沟，用来储存润滑油。这种滚筒轴承在重载低速时应用最为广泛。其优点是结构简单、承载能力强，缺点是磨损严重、耗油量大、效率低。滑动轴承由于轴承与轴瓦的接触面积大，润滑不良时会产生极大的摩擦力，甚至发热，导致轴瓦烧坏。滚筒滑动轴承润滑常采用旋盖式油杯间歇润滑，这种装置是应用广泛的脂润滑装置，上面有一个旋转的螺纹盖，润滑脂储存在杯体里，油杯下端与轴瓦油沟相连，拧动油杯盖，便可将润滑脂压入轴瓦油沟内，使轴与轴瓦之间形成一层油脂，以减少轴与轴瓦的直接接触，减少磨损。所以要定时定量加油，一般是每班加油一次，加油量为 5mL，使用 2 号或 3 号钙基润滑脂。

② 滚动轴承润滑：滚动轴承润滑主要是为了降低摩擦阻力和减轻磨损。由于滚动轴承是点与点或线的滚动摩擦，其摩擦面积小，磨损少。其优点是摩擦阻力小、效率高、内部间隙小、精度高、润滑简单、耗油量小。滚动轴承的润滑方式可根据经验系

数 G 来选择。带式输送机滚筒的滚动轴承和托辊滚动属于低速轴承，大部分采用脂润滑，一般每两个月用油枪注油一次，注油量根据轴承的大小而定，或半年清洗换油一次，可使用 2~4 号钙基润滑脂。

③ 托辊轴承润滑：托辊轴承润滑的目的是减少托辊转动的阻力，减少托辊和输送带之间的磨损，延长托辊的使用寿命。托辊轴承大多数为滚动轴承，每台带式输送机由几百个甚至几万个托辊支承着，同时托辊使用环境恶劣、粉尘较多。因此，托辊轴承的润滑工作就显得更加重要，只有尽可能延长托辊的使用寿命，才能降低生产成本，提高劳动生产率，降低工人的劳动强度。托辊轴承的润滑方法与低速滚动轴承润滑方法相似。

3. 典型故障分析

故障名称：皮带跑偏

原因分析：

胶带输送机的跑偏

调整方法：

小提示

皮带输送机跑偏调整操作规程

（1） 标准

头、尾轮处的皮带偏离尾轮宽度中心线的距离超过皮带宽度 5%以上时。

（2）处理方法

① 皮带较短时，张紧装置是调节螺栓，应首先调整尾部张紧螺栓。皮带往哪边跑就先紧哪边的螺栓，不能紧得太多，一般情况下紧 360°后进行观察，直至达到正常。

② 皮带较长时，在皮带机头、尾轮之间用重锤进行张紧。皮带跑偏时，应用配重进行调节，一般情况下配重过重或重量不够均可能引起皮带跑偏，因此配重要适中，皮带往哪个方向跑，就应适当增加哪个方向的配重，逐步达到正常。

③ 当皮带跑偏是由于下料冲击的结果时，可调整下料溜子的位置及清除滚筒上的附着物。

④ 尾部小车重锤式皮带机的跑偏除同②外，应检查钢丝绳的长度，力求两边长度相同。

⑤ 在上述办法仍无效时，则需要进一步检查调整头、尾、中间三节托辊的中心线，偏差不应大于±3mm；头、尾轮轴线与纵向中心线的垂直度不大于 2mm/m；各托辊的上母线应在同一平面上，其偏差不得大于±1mm；托辊横向中心与纵向中心线位置偏差不应大于±3mm；滚筒应水平，其水平度为 0.5mm/m。

知识链接

设备开机前的检查

① 检查传动减速机油位是否正常，滚筒、托辊是否完好。

② 检查皮带是否张紧适合，皮带带面及接口是否完好。

③ 检查皮带清扫器、皮带张紧装置、皮带密封挡皮是否完好，密封罩是否安装完好。

④ 检查收尘管道的挡板开度是否合适，管道是否漏风或堵塞。

⑤ 检查各皮带绳索开关、跑偏开关、速度开关、防逆装置是否正常。

⑥ 检查皮带上有无异物，滚筒及托辊表面有无黏附的物料，下料溜子有无物料、大块或其他异物。

⑦ 检查传动电机是否完好。

⑧ 检查皮带除铁装置是否正常。

⑨ 开机前，确认皮带运转系统无作业人员。

⑩ 确认中控室开车或现场开车，把控制盘上的转换开关选择在“中控”侧或“现场”侧。

企业案例

皮带输送机安全事故

案例描述：某年，水泥被卡在包装皮带尾端和卸包滚筒之间，包装队套袋人员余某（年龄 19 岁），在未停止皮带的情况下，爬上防护栏杆用脚想将水泥推下卸包滚筒，在这一过程中身体失重，左脚被卷入皮带和卸包滚筒之间，造成其左脚大拇趾被夹掉，其余几指皮外伤。

带式输送机安全规范

请大家通过网站查询并认真阅读李明旭的“皮带输送机带面清扫问题的解决”，完成以下问题。

案例启示：

皮带输送机带面清扫问题

案例描述：由于皮带输送机输送的物料性质不同，其物料在带面黏附的多少和清理难度不同，因此采用的清扫方法也不同。皮带输送机输送的物料主要是熟料、石灰石、煤矸石、燃煤炉渣粉、脱硫石膏等，作者通过清扫器选型搭配使用和下料口改造等措施，最终彻底解决了皮带输送机带面清扫不彻底的问题。

技术改造前：

技术改造后：

取得的效果及分析：

评价反馈

表 1-2　学习任务评价表

班级：	姓名：		学号：			
任务	带式输送机的巡检					
评价项目	评价内容	分值	评价			综合得分
			自评	互评	师评	
职业素养 40%	态度端正，无缺勤、迟到、早退现象	5				
	穿戴整洁，注重修养，文明礼貌	5				
	积极参加教学活动，能按时完成工作任务	6				
	字迹清楚，书面整洁	6				
	团队合作，与人交流能力	6				
	刻苦钻研，精通业务，终身学习，不断创新	6				
	安全意识、责任意识与环保意识	6				
专业能力 60%	绘制带式输送机结构简图	10				
	制作设备巡检表，正确进行运行中的巡检	10				
	正确进行设备润滑	10				
	正确进行事故分析	10				
	正确表述开机前检查和停机维护项目	10				
	正确进行企业案例分析	10				
合计		100				

安全意识

1. 安全规程要牢记，最大收益是自己。
2. 规程是生命之本，违章是安全祸根。
3. 安全是职工的生命线，职工是安全的负责人。
4. 安全是最大的节约，事故是最大的浪费。

任务2 板式喂料机的巡检

任务描述

板式喂料机主要用于破碎机的喂料，特别适合喂料量大和仓底仓压较大及需大开口防堵的情况。由于结构坚固，可以承受很大的压力和冲力，能处理大物料，可靠性高，并能保证较均匀的给料。某5000t/d水泥熟料生产线所用的板式喂料机主要性能参数见下表，请完成板式喂料机的巡检。

设备名称	主要性能
重型板式喂料机	规格：BZ2300mm×11502mm；输送物料：石灰石 链板宽度：2300mm；头尾轮中心距：11502mm 给料粒度：1200mm；给料能力：55~1000t/h 给料速度：0.005~0.05m/s

学习目标

1. 熟练表述板式喂料机的结构、工作原理及技术参数。
2. 能完成板式喂料机巡检任务。
3. 能正确表述板式喂料机开机前检查项目。
4. 能正确表述板式喂料机的停机维护项目。
5. 能分析常见故障产生的原因及解决措施。
6. 爱岗敬业、团结协作、认真责任。

任务分组

班级		组号		指导老师	
组长		学号			
组员及任务分工					

工作准备

通过借阅或网上查询的方式，了解板式喂料机结构、工作原理，以及巡检所需的仪器、工具。

步骤 1：请绘制板式喂料机结构简图，并标出各部分名称。

步骤 2：运用 Excel 制作板式喂料机设备巡检表。

板式喂料机
巡检点检表

工作实施

1. 运行中的巡检

巡检点 1：头尾轮轴承

巡检点	巡检内容	工具/方法
头尾轮轴承		

小提示

头轮轴承座采用整体式结构，内装有单列向心圆柱滚子轴承，在轴承座上装有旋盖压注油杯，采用脂润滑方式。

尾轮轴承采用合箱式结构。滚动轴承安装在方形轴承座内，轴承座不固定安装，可以沿着轴承座导轨架移动，在轴承座的外边焊有调整螺栓并与支架构成调整张紧装置。

巡检点 2：托辊

巡检点	巡检内容	工具/方法
托辊		

小提示

板式喂料机的托辊有固定和移动托辊。固定托辊有两种，一种是承托链条在上滑动的、带有挡边的固定托辊，相隔一定的距离安装在支架的两边，可限制链条跑偏。还有一种是承托底板的平托辊，在底板下固定安装在支架的中部，底板在上滑动，移动托辊与链条成为一体，随牵引链条在支架滑轨上滚动。

巡检点 3：牵引链

巡检点	巡检内容	工具/方法
牵引链		

小提示

链条传动中判断链条拉紧度的维护规程

（1）标准

① 链条与水平线夹角大于 45°时，从动边弛垂积累程度应为两链轮中心距离的

1%~1.5%。

② 链条与水平线夹角小于45°时，从动边弛垂积累程度应为两链轮中心距离的2%。

（2）处理方法

如超过此标准，停机时调整两链轮中心距或减小链条长度。

巡检点4：承载板

巡检点	巡检内容	工具/方法
承载板		

小提示

由于板式喂料机牵引链运动速度的不均匀性，链与链轮啮合时冲击大，在传动过程中会产生振动和噪声。牵引链和链轮的振动将会加速牵引链和链轮的磨损；另外，在使用中链节轴磨损快，链板中心孔易磨成长孔，输送链易跑偏、掉道。所以，应着重加强这些部位的巡检工作，同时要确保驱动装置工作正常，头尾轮轴承及托辊润滑良好。

2. 板式喂料机的润滑

根据表1-3，在图1-3中标出板式喂料机需润滑部位的序号，并完成表格内容。

表1-3　板式喂料机的润滑部位

序号	润滑点		润滑剂		
	润滑部位	润滑方式	名称	标准代号	换油期
1	头尾链轮轴承				
2	托辊轴承				
3	减速器				
4	头尾链轮				
5	拉紧装置				

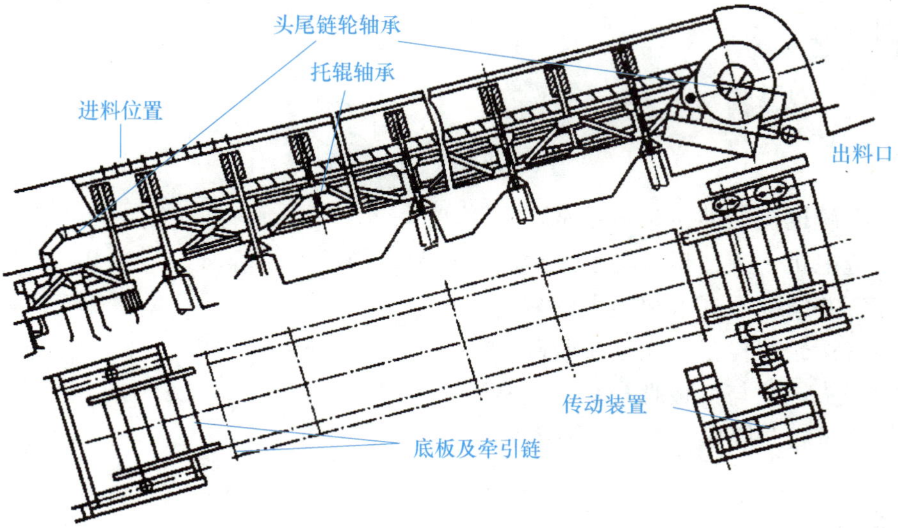

图 1-3 板式喂料机的润滑部位图

小提示

板式喂料机的润滑点有减速器、头尾链轮轴承、托辊轴承、拉紧装置、头尾链轮。各部轴承均用 ZG-4 钙基润滑脂润滑，减速器推荐用 S-P90 号极压工业齿轮油（适用于干燥环境）或 S-P90 号极压工业齿轮油（适用于潮湿环境）。

3. 典型故障分析

故障名称：板式给料机链条断裂

原因分析：

处理方法：

知识链接

设备开机前的检查

① 检查减速机的油位是否正常。
② 检查电机、减速机各轴承座地脚螺栓是否松动、脱落。
③ 检查并清除板式喂料机上的异物。
④ 检查滚轮螺栓是否松动、脱落。
⑤ 检查头尾轮与链板啮合是否正常。
⑥ 检查链板是否断裂，销子是否窜出。

企业案例

板式喂料机尾轴断裂事故

事故经过：某年某日 23：00 左右，在上铁矿石的过程中，中控发现板式喂料机无备妥，通知现场检查。现场检查发现，板式喂料机尾轴断裂。于是分公司迅速组织抢修，同时增设临时下料口继续生产，外协加工尾轴后，马上安装。至 24 日 00：18 恢复运行，属普通设备事故。

事故原因：造成板式喂料机尾轴断裂的原因是：下午在交接班时曾告知中班岗位工喂料机进料口有一处被料磨漏，要注意勤清料，但岗位工清料不彻底，致使从板式喂料机漏下的物料进入尾轴内将尾轴拉断，属责任事故。

案例启示：

评价反馈

表 1-4　学习任务评价表

<table>
<tr><td colspan="2">班级：</td><td colspan="3">姓名：</td><td colspan="3">学号：</td></tr>
<tr><td>任务</td><td colspan="7">板式喂料机的巡检</td></tr>
<tr><td rowspan="2">评价项目</td><td rowspan="2">评价内容</td><td rowspan="2">分值</td><td colspan="3">评价</td><td rowspan="2">综合得分</td></tr>
<tr><td>自评</td><td>互评</td><td>师评</td></tr>
<tr><td rowspan="7">职业素养
40%</td><td>态度端正，无缺勤、迟到、早退现象</td><td>5</td><td></td><td></td><td></td><td></td></tr>
<tr><td>穿戴整洁，注重修养，文明礼貌</td><td>5</td><td></td><td></td><td></td><td></td></tr>
<tr><td>积极参加教学活动，能按时完成工作任务</td><td>6</td><td></td><td></td><td></td><td></td></tr>
<tr><td>字迹清楚，书面整洁</td><td>6</td><td></td><td></td><td></td><td></td></tr>
<tr><td>团队合作，与人交流能力</td><td>6</td><td></td><td></td><td></td><td></td></tr>
<tr><td>刻苦钻研，精通业务，终身学习，不断创新</td><td>6</td><td></td><td></td><td></td><td></td></tr>
<tr><td>环保意识与节能意识</td><td>6</td><td></td><td></td><td></td><td></td></tr>
<tr><td rowspan="6">专业能力
60%</td><td>绘制板式喂料机结构简图，标出巡检位置</td><td>10</td><td></td><td></td><td></td><td></td></tr>
<tr><td>制作设备巡检表，正确进行运行中的巡检</td><td>10</td><td></td><td></td><td></td><td></td></tr>
<tr><td>正确进行设备润滑</td><td>10</td><td></td><td></td><td></td><td></td></tr>
<tr><td>正确进行事故分析</td><td>10</td><td></td><td></td><td></td><td></td></tr>
<tr><td>正确表述开机前检查和停机维护项目</td><td>10</td><td></td><td></td><td></td><td></td></tr>
<tr><td>正确进行企业案例分析</td><td>10</td><td></td><td></td><td></td><td></td></tr>
<tr><td colspan="2">合计</td><td>100</td><td></td><td></td><td></td><td></td></tr>
</table>

关于协作

为了进行斗争，我们必须把我们的一切力量拧成一股绳，并使这些力量集中在同一个攻击点上。——恩格斯

任务3 单段锤式破碎机的巡检

任务描述

请完成单段锤式破碎机的巡检，其主要性能参数如下：

设备名称	主要性能
单段锤式破碎机	规格：PCF2022 最大进料粒度：1500mm×1100mm×1000mm 出料粒度：≤75mm 占 90% 电机型号：YRKK5603；电机电压：10000V；电机功率：800kW 生产能力：600~800t/h

学习目标

1. 熟练表述单段锤式破碎机的结构、工作原理及技术参数。
2. 能完成单段锤式破碎机运行中的巡检任务。
3. 能正确表述单段锤式破碎机开机前检查项目。
4. 能正确表述单段锤式破碎机的停机维护项目。
5. 能分析常见故障产生原因及解决措施。
6. 培养爱国情怀。
7. 树立环保节约、降低成本的意识。
8. 培养创新意识。

任务分组

班级		组号		指导老师	
组长		学号			
组员及任务分工					

工作准备

通过借阅或网上查询的方式，了解单段锤式破碎机结构、工作原理，以及巡检所需的仪器、工具。

步骤 1：请绘制单段锤式破碎机结构简图，并标出各部分名称。

锤式破碎机

步骤 2：运用 Excel 制作带式输送机设备巡检表。

单段锤式破碎机巡检点检表

工作实施

1. 运行中的巡检

巡检点 1：壳体

巡检点	巡检内容	工具/方法
壳体		

小提示

机壳由上下两部分组成，沿转子中心线分开，用螺栓连成一体。机壳的下部直接由地脚螺栓固定在混凝土基础上。上盖顶部有加料口，机壳内壁衬有高锰钢衬板，衬板磨损后可以更换。为便于检修、调整和更换篦条，机壳的前后开有检修孔。

巡检点 2：轴承

巡检点	巡检内容	工具/方法
轴承		

小提示

转子支承在两个滚动轴承上，轴承座采用剖分式结构，底座用螺栓固定在下机架的支座上，采用两个定位销固定两轴承的中心距。轴承采用脂润滑，干油泵供油方式。

巡检点 3：传动带

巡检点	巡检内容	工具/方法
传动带		

巡检点 4：物料

巡检点	巡检内容	工具/方法
物料		

2. 单段锤式破碎机的润滑

表 1-5　单段锤式破碎机的润滑部位

序号	润滑点		润滑剂		
	润滑部位	润滑方式	名称	标准代号	换油期
1	主轴承				
2	链传动				

续表

序号	润滑点		润滑剂		
	润滑部位	润滑方式	名称	标准代号	换油期
3	迷宫密封				
4	液压站				

3. 典型故障分析

故障名称：振动量骤增

原因分析：

处理方法：

小提示

设备振动控制规程

（1）标准

① 小型机械（15kW 以下电机）一般控制在 1.8mm/s 以下，超过 4.5mm/s 必须停机。②中型机械（15~300kW 电机）一般控制在 2.8mm/s 以下，超过 7.1mm/s 必须停机。③大型机械一般控制在 4.5mm/s 以下，超过 11.2mm/s 必须停机。④带不平衡惯性力机械，如锤破、辊压机、振动筛、离心压缩机等，一般控制在 4.5mm/s 以下，超过 11.2mm/s 必须停机。

（2）处理方法

① 地脚螺栓松动，紧固地脚螺栓。②联轴节不同轴，找平联轴节。③风机叶轮不平衡或不均匀磨损，清除叶片上的黏性附着物或更换新叶轮。④轴承损坏，间隙过大失效等，更换轴承。⑤锤式破碎机锤头断锤，更换锤头。⑥电机转子同心度差、轴已弯等，更换轴。⑦电机转子平衡差，重新做静、动平衡。

知识链接

开机前的检查

① 检查确认破碎机料斗内是否有余料、料斗内是否有人检修。

② 检查连接螺栓和地脚螺栓紧固情况，要求紧固良好、无松动。

③ 检查传动皮带的张紧程度及磨损情况。

④ 检查锤破腔内破碎板、衬板是否安装好。

⑤ 检查各传动部位润滑情况，按润滑制度及时补足润滑油。

⑥ 检查破碎站配电柜、电源显示是否正常，各电流指针是否处于“0”位，若有异常，应通知电工查明原因，并做相应处理。

企业案例

石灰石破碎机系统增产优化方案

案例概述：公司矿山破碎机系统由 B2300×10000 重型板喂机和 PCF2022 双给料辊单段锤式破碎机组成，破碎机额定台产为 800t/h，电机功率为 900kW。在实际生产中，矿山开采石灰石中细碎物料较多，约占 20%～30%，并含有少量黏土，易产生过粉碎，造成破碎机台产只有约 600t/h，与额定台产相差较大。为提高台产，降本增效，公司调整了破碎机篦条间隙、将原给料辊技改为带预筛分的给料辊，并加强了生产管理。技改后，破碎机台产基本达到额定值，破碎机系统电耗下降 25%。

案例启示：

评价反馈

表 1-6　学习任务评价表

班级：		姓名：		学号：		
任务	单段锤式破碎机的巡检					
评价项目	评价内容	分值	评价			综合得分
			自评	互评	师评	
职业素养 40%	态度端正，无缺勤、迟到、早退现象	5				
	穿戴整洁，注重修养，文明礼貌	5				
	积极参加教学活动，能按时完成工作任务	6				
	字迹清楚，书面整洁	6				
	团队合作，与人交流能力	6				
	刻苦钻研，精通业务，终身学习，不断创新	6				
	环保意识与节能意识	6				
专业能力 60%	绘制单段锤式破碎机结构简图	10				
	制作设备巡检表，正确进行运行中的巡检	10				
	正确进行设备润滑	10				
	正确进行事故分析	10				
	正确表述开机前检查和停机维护项目	10				
	正确进行企业案例分析	10				
合计		100				

关于创新

1. 想出新办法的人在他的办法没有成功前，人家总说他是异想天开。——马克·吐温

2. 企业的成败在于能否创新，尤其是当前新旧体制转换阶段，在企业特殊困难时期，更需要有这种精神。——黄汉清

3. 能正确地提出问题就是迈出了创新的第一步。——李政道

任务4 气箱脉冲袋式除尘器的巡检

任务描述

完成气箱脉冲袋式除尘器的巡检，其主要性能参数如下：

设备名称	主要性能
气箱脉冲袋式除尘器	处理风量：22320m³/h；总过滤面积：372m²；净过滤面积：310m²；滤袋总数：384个；设备阻力：1200~1600Pa 允许进口气体含尘浓度：<1000g/Nm³ 出口气体含尘浓度：<0.1g/Nm³；清灰压缩气体耗气量：1.8Nm³/min 清灰气源压力：(5~7)×10⁵Pa；设备承受负压：5000Pa
	1. 刚性叶轮给料机300mm×300mm：卸料能力24m³/h；功率1.1kW；转速30.31r/min 2. 螺旋输送机 φ300mm：输送能力30m³/h 3. 螺旋输送机减速电动机：规格型号XWD2.2-5-1/43；功率2.2kW 4. 脉冲阀：15″ 5. 提升阀：阀板 φ595mm 6. 带气缸：气缸 φ100mm 7. 清灰程序控制器：输入输出电压220V

学习目标

1. 熟知气箱脉冲袋式除尘器结构、工作原理及技术参数。
2. 具备气箱脉冲袋式除尘器正常运转的知识。
3. 能正确表述气箱脉冲袋式除尘器开机前的检查项目。
4. 能正确表述气箱脉冲袋式除尘器的停机维护项目。
5. 能分析常见故障产生的原因及相应处理措施。
6. 服从组织，树立团体协作意识与环保意识。

任务分组

班级		组号		指导老师	
组长		学号			
组员及 任务分工					

工作准备

通过借阅或网上查询的方式，了解气箱脉冲袋式除尘器结构、工作原理，以及巡检所需的仪器、工具。

步骤1：请绘制气箱脉冲袋式除尘器结构简图，并标出各部分名称。

袋式除尘器

步骤2：运用Excel制作气箱脉冲袋式除尘器设备巡检表。

气箱脉冲袋式
除尘器巡检表

工作实施

1. 运行中的巡检

巡检点 1：提升阀

巡检点	巡检内容	工具/方法
提升阀		

巡检点 2：脉冲阀

巡检点	巡检内容	工具/方法
脉冲阀		

小提示

脉冲清灰作业有两种方式：一是连续进行脉冲清灰，多用于粉尘浓度较高的情况下。另一种是根据袋式除尘器的压力损失进行控制，通过安装的差压继电器开启控制器实行脉冲控制，使正在喷吹的除尘室的压力降到规定值后停止喷吹。

气箱脉冲袋式除尘器的脉冲清灰装置主要由气源（空压机提供）、储气装置、油水分离器、电磁脉冲阀、提升阀等组成，是气箱脉冲袋式除尘器的重要组成部分。清灰控制一般采用定时控制，控制有自动和手动两种方式。当自动控制出故障时或检修时，可随时切换为手动。

巡检点 3：油水分离器

巡检点	巡检内容	工具/方法
油水分离器		

小提示

压缩空气油水分离器，用于分离压缩空气中凝聚的水分和油分等杂质，使压缩空气得到初步净化，一般使用压力为 0.1~2.5MPa。

压缩空气油水分离器的工作原理：当压缩空气进入油水分离器后产生流向和速度的急剧变化，再依靠惯性作用，将密度比压缩空气大的油滴和水滴分离出来。常见的为撞击式油水分离器和环形回转式油水分离器。压缩空气自入口进入油水分离器壳体后，气流先受隔板阻挡撞击折回向下，继而又回升向上，产生环形回转。这样使水滴和油滴在离心力和惯性力作用下，从空气中分离析出并沉降在壳体底部。

巡检点 4：排灰系统

巡检点	巡检内容	工具/方法
排灰系统		

小提示

气箱脉冲袋式除尘器的排灰装置主要由螺旋输送机和刚性叶轮给料机组成，其作用是将落入灰斗的物料通过螺旋输送机经刚性叶轮给料机排到皮带输送机上带走。

巡检点 5：收尘罩和管道

巡检点	巡检内容	工具/方法
收尘罩和管道		

小提示

收尘罩放在扬尘点的上方适当位置。破碎站主要有两个扬尘点：一个是喂料机的下料位置，另一个是水平胶带输送机的下料位置。在收尘罩与箱体之间设置有连接管道。

巡检点6：压力表

巡检点	巡检内容	工具/方法
压力表		

巡检点7：压差表

巡检点	巡检内容	工具/方法
压差表		

2. 气箱脉冲袋式除尘器的润滑

表1-7　气箱脉冲袋式除尘器的润滑部位

序号	润滑点		润滑剂		
	润滑部位	润滑方式	名称	标准代号	换油期
1	摆线针轮减速器				
2	链条				
3	螺旋输送机轴承				
4	刚性叶轮给料机轴承				

3. 典型故障分析

故障名称：进出口压差增大

原因分析：

处理方法：

知识链接

开机前的检查

① 清除除尘器内外杂物、积灰。

② 检查滤袋是否完好，如有损坏或糊袋应及时更换。

③ 检查滤袋悬挂的松紧程度，不得过松或过紧，滤袋绑扎、固定应牢固，无破裂现象。

④ 检查容易漏风的部位，如检修门、管道、排灰装置等处，应按要求封闭严密。

⑤ 检查各润滑部位油质、油量是否满足要求，所有温度检测点、料位计测点、压力测点连接是否正常。

⑥ 检查油雾器内是否有油，储气罐内压缩空气压力是否正常，手动阀门是否打开。

⑦ 放空气水分离器内的水。

⑧ 检查螺旋输送机、回转阀等设备有无异常，出料口是否畅通。

⑨ 检查安全防护设施是否齐全、完整。

相关知识点

（1）螺旋输送机

螺旋输送机俗称铰刀，是一种无挠性牵引构件的连续输送机械，它的构造要比带式输送机、斗式提升机更简单一些。

螺旋输送机

① 工作原理及构造

如图 1-4 所示，螺旋输送机主要由螺旋轴、料槽和驱动装置所组成。螺旋叶片固装在轴上，螺旋轴纵向装在料槽内。每节轴有一定长度，节与节之间连接处装有悬挂轴承。一般头节的螺旋轴与驱动装置连接，出料口设在头节的槽底，进料口设在尾节的盖上。

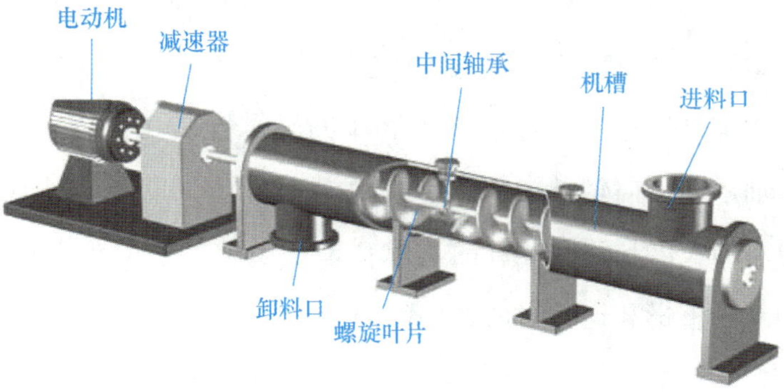

图 1-4　螺旋输送机构造

物料由进料口装入，当电机驱动螺旋轴旋转时，物料由于自重作用及与槽壁间摩擦力的作用，不能随螺旋叶片旋转，这样由螺旋轴旋转产生的轴向推力就直接作用到物料上，使物料沿轴向滑动，朝着一个方向推到卸料口处，完成送料的任务。

物料输送方向判断方法：由叶片旋向及转动轴旋转方向共同决定。

可用左右手定则来判断，右旋叶片用左手判断，左旋叶片用右手判断；弯曲的四指表示轴的旋转方向，而拇指所指方向为物料的受力方向或输送方向。

螺旋旋向判断方法：面对螺旋输送叶片，如果螺旋叶片的边缘顺右臂倾斜则为右螺旋，顺左臂倾斜则为左螺旋，如图 1-5 所示。螺旋输送机的布置形式如图 1-6 所示。

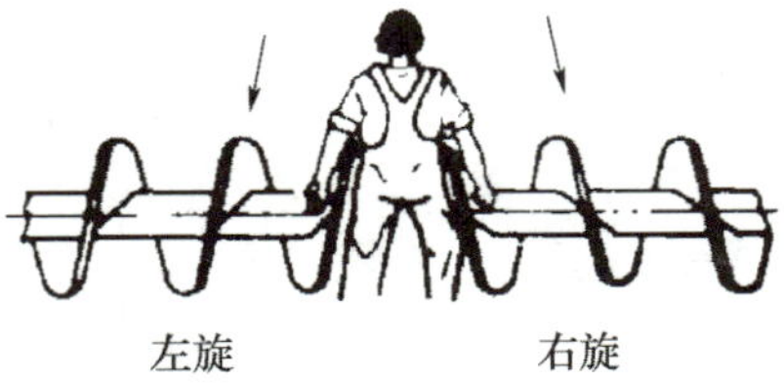

图 1-5　螺旋旋向判断

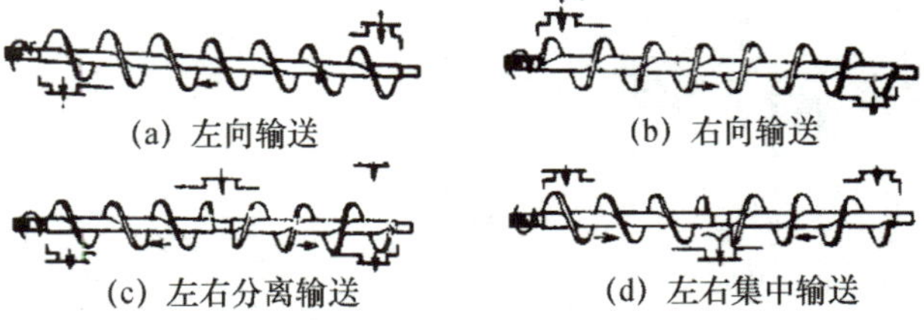

图 1-6　螺旋输送机的布置形式

② 主要零部件

螺旋：由转轴和叶片组成。

料槽：由头节、中间节和尾节料槽用螺栓连接组成，每节槽的标准长度为 1~3m。

料槽上部用可拆盖板封闭，进料口开设在盖板上，出料口则开设在料槽的底部，有时沿长度方向开数个孔，以便在中间卸料。在进出料口均配有闸门。料槽的上盖设有观察孔，以便观察物料输送情况。

螺旋与料槽之间的间隙一般为 5~15mm。太大会降低输送效率，太小则增加运行阻力，甚至会使螺旋叶片及轴等机件扭坏或折断。

轴承装置：螺旋是通过头、尾端轴承和中间轴承安装在料槽上的。螺旋轴的头、尾端分别由止推轴承和径向轴承支承。

当螺旋输送机的长度超过 3~4m 时，除在槽端设轴承外，还要安装中间轴承，以承受螺旋轴的一部分重量和运转时所产生的力。

（2）叶轮喂料机

叶轮喂料机由机壳、叶轮、转轴和均压管组成，如图 1-7 所示。

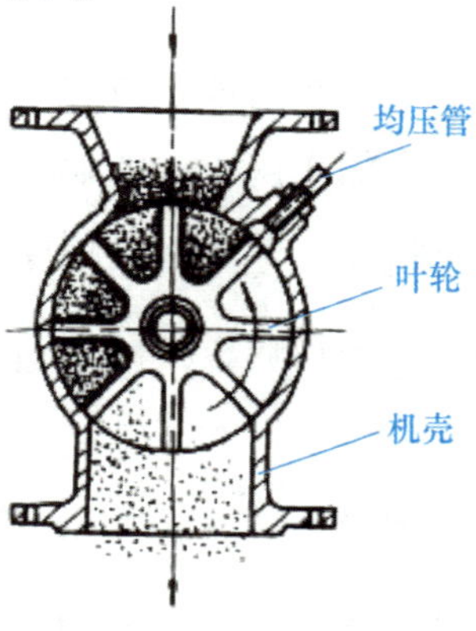

图 1-7　叶轮喂料机结构

机壳上、下端的进、出料口分别与料仓、受料设备连接。叶轮绕水平轴线转动时，物料落入叶轮的各腔格之间，随叶轮旋转半周后卸入受料设备。均压管能使进入料区前的腔格泄去高压，以免到料区时不能进料。改变叶轮转速可调节喂料量，一般配直流电机。

叶轮喂料机按其结构划分，有弹性和刚性两种。刚性叶轮喂料机的叶片与转子铸成一体，叶片没有弹性，它与回转腔内壁必须留有适当的空间，这样封闭性就差一些。它一般用在对密闭和均匀喂料要求不高的地方，如均化库底卸料口处。弹性叶轮喂料机由转子、壳体、叶片组成，叶片用弹簧板固定在转子上，与回转腔内壁不留空间，使得回转腔有良好的封闭性。在转子转动时，物料进入壳体与叶片围成的空腹中，随转子转动，落入下部受料设备中。它常用于回转窑的煤粉喂料。

叶轮喂料机适合于粉状（水泥均化库的出料口处）或细粒状（矿渣库的出料口处）非黏性物料的料流控制。

评价反馈

表 1-8　学习任务评价表

班级：	姓名：		学号：			
任务	气箱脉冲袋式除尘器的巡检					
评价项目	评价内容	分值	评价			综合得分
			自评	互评	师评	
职业素养 40%	态度端正，无缺勤、迟到、早退现象	5				
	穿戴整洁，注重修养，文明礼貌	5				
	积极参加教学活动，能按时完成工作任务	6				
	字迹清楚，书面整洁	6				
	团队合作，与人交流能力	6				
	刻苦钻研，精通业务，终身学习，不断创新	6				
	环保意识与节能意识	6				
专业能力 60%	绘制结构简图，标出巡检位置	10				
	制作设备巡检表，正确进行运行中的巡检	15				
	正确进行设备润滑	10				
	正确进行事故分析	15				
	正确表述开机前检查和停机维护项目	10				
合计		100				

关于环保

每年年底，各大水泥企业、电力企业和垃圾焚烧厂等都会进行设备检修，以保障新一年的生产质量。对于更换下来的废旧除尘滤袋，大多数企业往往选择焚烧或者填埋，既耗废人力物力，又会造环境污染。废旧除尘滤袋的回收再生产，不仅可以给企业创造价值，更是为有效地改善生态环境做一份贡献。

模块 2

生料制备设备巡检

项目导读

生料制备工艺流程如图 2-1 所示，请完成原料配料站、立式磨、组合式旋风收尘器、斗式提升机和生料均化库的巡检。

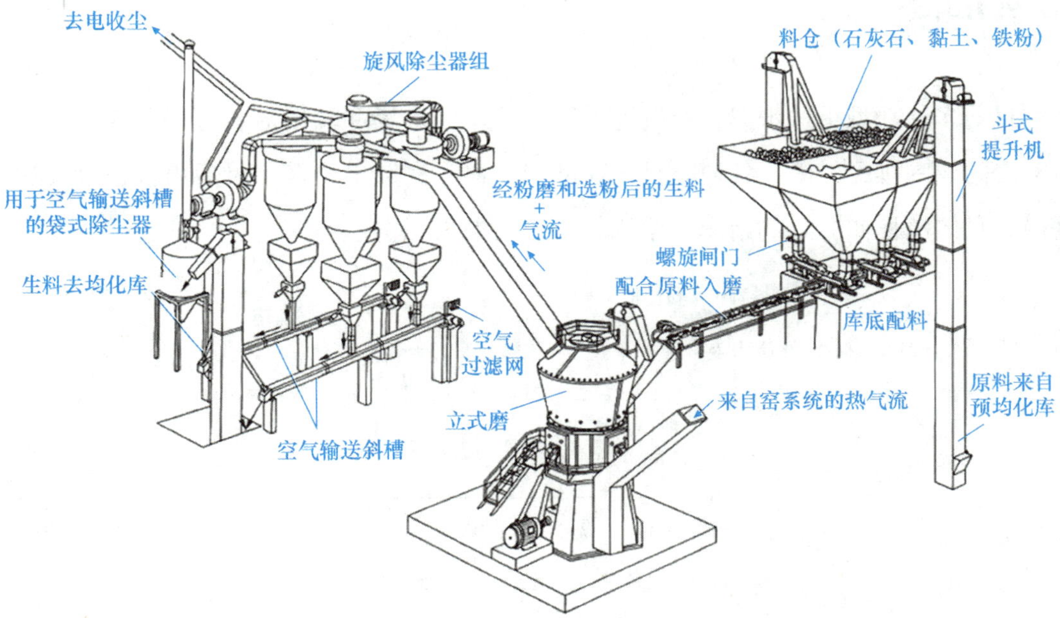

图 2-1　生料制备工艺流程图

学习目标

1. 具备生料粉磨工艺流程知识。

2. 具备生料均化工艺过程知识。

3. 熟知电子皮带秤、除铁器、立磨、组合式旋风收尘器、斗式提升机和生料均化库的结构、工作原理及技术参数。

4. 能完成设备的巡检任务。

5. 能正确表述设备开机前检查和停机维护项目。

6. 能分析设备常见故障产生原因及解决措施。

项目实施

任务1 原料配料站的巡检

任务描述

目前多数新型干法水泥企业设置了原料预均化堆场和辅助原料堆场，在堆场和生料磨之间建一排配料库，各种原料分别进库，在库底卸出并经计量后由输送设备送入磨内，具体流程如图 2-2 所示。请完成原料配料站的巡检。

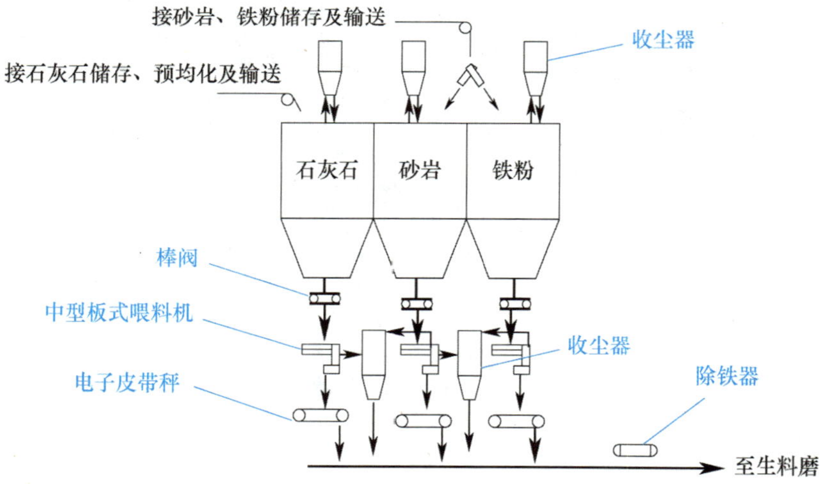

图 2-2 原料配料站流程图

学习目标

1. 熟知电子皮带秤和除铁器的结构、工作原理及技术参数。

2. 能完成电子皮带秤和除铁器的巡检任务。

3. 能正确表述设备开机前检查和停机维护项目。
4. 能分析设备常见故障产生原因及解决措施。
5. 树立爱护设备和工具、器具，保持工作环境整洁有序的意识，增强科技自信。

任务分组

班级		组号		指导老师	
组长		学号			
组员及任务分工					

工作准备

通过借阅或网上查询的方式，了解调速式电子皮带秤和除铁器结构、工作原理及巡检所需的仪器、工具。

步骤1：请绘制调速式电子皮带秤结构简图。

皮带秤

步骤2：运用Excel制作调速式电子皮带秤和除铁器设备巡检表。

电子皮带秤巡检表

工作实施

1. 调速式电子皮带秤的巡检

巡检点1：下料斗

巡检点	巡检内容	工具/方法
下料斗		

巡检点2：皮带

巡检点	巡检内容	工具/方法
皮带		

巡检点3：托辊

巡检点	巡检内容	工具/方法
托辊		

巡检点4：滚筒

巡检点	巡检内容	工具/方法
滚筒		

巡检点5：张紧螺栓

巡检点	巡检内容	工具/方法
张紧螺栓		

巡检点6：称重辊

巡检点	巡检内容	工具/方法
称重辊		

小提示

称重辊的作用是将来自皮带载荷的力传递给荷重传感器，目前主要有单杠杆单托辊式称重框架、双杠杆双托辊式称重框架、双杠杆四托辊式称重框架和悬浮多托辊式称重框架 4 种形式。

单杠杆单托辊式称重框架，装有一只荷重传感器和一组称重托辊。有效称量段最短，称量准确度和稳定性最低，使用性能也较差。

双杠杆双托辊式称重框架，装有一只荷重传感器和两组称重托辊。虽然有效称量段比前者增加一倍，称量准确度和稳定性有所提高，但其受皮带跑偏影响较大。

双杠杆四托辊式称重框架，装有两只荷重传感器。两个杠杆为铰链连接，且每个杠杆上各装两组称重托辊，其有效称量段较长，受皮带跑偏影响小，准确度和稳定性也较高。

悬浮多托辊式称重框架，装有四只荷重传感器。所装称重托辊组数可为 3 组、4 组、5 组或 6 组，可视皮带输送机长度和准确要求而定。由于其有效称量段长，受皮带跑偏影响小，是当前电子皮带秤中灵敏度和准确度最高的一种结构形式，使用性能也较稳定。

巡检点 7：压力传感器

巡检点	巡检内容	工具/方法
压力传感器		

巡检点 8：十字簧片

巡检点	巡检内容	工具/方法
十字簧片		

小提示

簧片是一种弹性摩擦支承，它是利用弹性元件的弹性变形工作的，其属内摩擦，摩擦力极小，实际上完全可以忽略，但它可以平衡力矩，适合用在转角非常小的场合，而皮带秤承载器的支点在使用中转角非常小。与刀口支点、普通轴承支点相比，簧片支点的性能在较长的时间内非常稳定，所以它在国内外皮带秤承载器支点中的应用占据绝大多数。

簧片的组合形式有单簧片、十字簧片和交叉簧片。单簧片只有一块垂直安装的簧片，这块簧片分别通过上、下支承板与固定支座及承载器相连，它的支点位置是由簧片的挠度和转角决定的，随簧片的转动，支点位置也将变化。十字簧片是指构成一个支点的两块簧片的长度、宽度、厚度都相等，一片垂直安装，一片水平安装，簧片的一端通过支座固定在基座上，而另一端通过支座固定在承载器的杠杆上，由于两簧片受力大小和方向不一致，支点位置也将有少许变化。交叉簧片是指构成一个支点的几块簧片呈左斜45°和右斜45°安装，相互搭接成X形，由于左斜45°和右斜45°的几片簧片受力大小和方向一致，支点位置基本不变。十字簧片和交叉簧片安装时簧片间的交叉轴线，就是承载器的支点线。

各种簧片支承方式的优点是转动灵敏，无机械摩擦损失，可在恶劣的条件下长期工作，维护工作量小，长期稳定性好，精确度高。但在运输途中或使用过程中，若受力过大，簧片将产生永久变形甚至损坏。

巡检点9：跑偏开关

巡检点	巡检内容	工具/方法
跑偏开关		

小提示

跑偏开关是输送带出现跑偏的情况下起到自动报警和停机的一种安全保护装置。跑偏开关有两级角度，一般常用的是：一级角度为10、12、20；二级角度为30、35、45。

当输送带运行中出现跑偏时，输送带触碰开关立辊并使立辊偏转，当立辊偏转角度达到一级开关角度时，开关发出报警信号。当输送带跑偏严重，达到二级开关角度时，开关发出停机信号，实现输送带跑偏故障自动停机。当跑偏故障排除后，开关立辊可自动复位，回到初始状态。

巡检点 10：控制器

巡检点	巡检内容	工具/方法
控制器		

巡检点 11：物料

巡检点	巡检内容	工具/方法
物料		

2. 电磁除铁器的巡检

电磁除铁器

巡检点 1：回转皮带

巡检点	巡检内容	工具/方法
回转皮带		

巡检点 2：物料中的铁件

巡检点	巡检内容	工具/方法
物料中的铁件		

知识链接

原料配料站开机前检查

（1）检查各储料仓料位是否在料仓的 70%以上。

（2）检查设备各仪表是否正常。

（3）检查人工闸阀是否打开到适当位置。

（4）检查各润滑点的润滑状况。

（5）检查调速式电子皮带秤。

① 检查皮带秤荷重传感器周围有无异物卡塞。

② 托辊表面是否黏附粉尘、物料，尤其是计量段一定要清扫干净，以保证计量精确；皮带电气部有无起毛、开裂、划痕、裙边、破损现象。

③ 检查皮带张紧状况。

④ 检查并清除皮带机上的杂物。

⑤ 检查皮带传感器上有无积灰、变形和异物接触现象。

⑥ 检查清扫器与皮带的接触情况。

原料配料站开机和停机顺序

开机顺序如下：

胶带输送机→除铁器→调速式电子皮带秤→袋收尘器→板式喂料机。

停机顺序如下：

板式喂料机→调速式电子皮带秤→除铁器→袋收尘器。

原料配料站停机检查与维护

（1）紧固运行中设备松动的螺栓。

（2）更换运行中设备的损坏件。

（3）检查仓内黏结料情况并及时进行清理。

（4）检查调速式电子皮带秤。

① 检查皮带张紧程度是否合适。

② 检查各托辊、头尾轮上是否干净，更换损坏的托辊。

③ 检查皮带磨损状况。

④ 清扫传感器上的积灰。

（5）检查电磁除铁器。

① 检查减速机油位是否正常。

② 检查除铁器的吊架是否有磨损。

③ 检查滚筒及轴承。

④ 检查皮带磨损情况。

3. 典型故障分析

故障名称：零点漂移

原因分析：

预防措施：

企业案例

在线元素分析仪在生料配料系统中的应用

案例概述： 某公司有一条5000t/d生产线，采用石灰石、砂岩、粉煤灰和钢渣四组分配料，在分析仪投入使用前，采用自动取样器对出磨生料连续取样，用粉磨压片法制样，然后进行荧光分析，配料人员根据出磨生料荧光分析结果调整各物料配比，进行生料的质量控制。采用这种方式进行控制，取样代表性较差，制样、检测中存在误差，检验、控制滞后，再加上操作人员业务水平偏低，在遇到石灰石质量大幅波动以及设备频繁开停等情况时，不能及时有效地调整配比，难以使出磨生料成分达到控制范围，最终导致生料质量大幅波动，严重影响窑的稳定煅烧，造成熟料产品质量下降。

CB Omni Agile在线分析仪在磨机投料运行5min后，将配料模式转换到自动，通过配料控制软件分析检测实时数据，并进行偏离跟踪与差值补偿，根据质量控制参数，每1min调整皮带秤配比一次，实现对出磨生料质量的实时、在线、快速自动控制。

在线分析仪投入使用后，该企业出磨生料的HM、SM和IM合格率平均提高32%、5%和9%，入窑生料HM、SM和IM标准偏差分别降低0.03、0和0.01，生料稳定性大大提高，熟料3个率值的标准偏差也显著降低，熟料的稳定性提高；熟料的f-CaO含量由1.41%降低到1.09%，f-CaO合格率由54.4%提高到70.8%，f-CaO标准偏差由0.94%降低到0.73%，熟料3d抗压强度提高1.0MPa，28d抗压强度提高0.9MPa，熟料质量明显提高；窑投料量提高13t/h，吨熟料标准煤耗降低1.6kg。

案例启示：

评价反馈

表 2-1　学习任务评价表

班级：		姓名：		学号：		
任务	原料配料站的巡检					
评价项目	评价内容	分值	评价			综合得分
			自评	互评	师评	
职业素养 40%	态度端正，无缺勤、迟到、早退现象	5				
	穿戴整洁，注重修养，文明礼貌	5				
	积极参加教学活动，能按时完成工作任务	6				
	字迹清楚，书面整洁	6				
	团队合作，与人交流能力	6				
	刻苦钻研，精通业务，终身学习，不断创新 爱护设备和工具、器具，保持工作环境整洁有序，有科技自信	6				
专业能力 60%	绘制原料配料站结构简图	10				
	制作设备巡检表，正确进行运行中的巡检	10				
	正确进行事故分析	10				
	正确表述原料配料站开停机顺序	10				
	正确表述原料配料站停机检查与维护内容	10				
	正确进行企业案例分析	10				
合计		100				

关于“微”“渺”

1. 一室之不治，何以天下家国为？——刘蓉《习惯说》
2. 冰冻三尺，非一日之寒。——王充《论衡》
3. 绳锯木断，水滴石穿。——罗大经《鹤林玉露》
4. 不积跬步，无以至千里；不积小流，无以成江海。——《荀子》

任务 2　立式磨的巡检

任务描述

立磨已成为新型干法水泥生产线生料粉磨的首选设备。由于各方面原因，立磨易产生异常振动，液压元件出故障的可能性较大，所以，应着重加强这些部位的巡检工作，同时要确保传动系统润滑良好，密封风机输送空气的管道无磨损和漏风。某5000t/d 水泥熟料生产线配套立磨主要性能参数如下，请完成立磨的巡检。

设备名称	主要性能
MPS5000B 辊式磨	生产能力：450t/h 入磨粒度：<100mm；入磨水分：<6% 成品水分：<0.5%；成品细度：80μm 筛余 10% 磨盘转速：23.1r/min；磨辊数量：3 磨辊直径：2800mm；磨盘直径：5000mm
主减速器	许用功率：4000kW 输入转速：995r/min；输出转速：23.1r/min
主电机	YRKK900-6 1P44　额定功率：4000kW 额定转速：995r/min；电压：1000V
辅助传动减速电机	功率：7.5kW；380V 输入转速：1480r/min；输出转速：6.9r/min
主减速机润滑站	冷却水量：76m^3/h；水压：3~6bar
低压油泵电机（齿轮泵）	功率：37kW；转速：1475r/min
环路油泵电机（齿轮泵）	功率：5.5kW；转速：725r/min
高压油泵电机（齿轮泵）	功率：5.5kW；转速：1450r/min
油加热器	功率：27kW
磨辊液压装置	液压缸工作压力：200bar；安全压力：315bar 蓄能器工作压力：200bar 过滤油泵（星形柱塞泵）流量：15L/min；压力：200bar 油泵电机功率：7.5kw；转速：1450r/min 电磁阀：0.12kW；220V

续表

设备名称	主要性能
XYZ-25G 主电机稀油站	供油压力：0.4MPa；公称流量：25L/min 油箱容积：0.63m^3；过滤面积：0.13m^2 换热面积：3m^2；冷却水用量：1.35m^3/min 油泵电机（Y90S-4-V1）功率：1.1kW 电加热器功率：6kW、220V
磨辊润滑	油浴润滑
密封风机	风量：2700Nm^3/h；风压：85mbar 电机功率：15kW；转速：3000r/min

学习目标

1. 熟练表述立磨的结构、工作原理及技术参数。
2. 能完成立磨巡检任务。
3. 能正确表述立磨开机前检查和停机维护项目。
4. 能分析立磨常见故障产生原因及解决措施。
5. 培养节能意识、环保意识。
6. 树立刻苦钻研、精通业务、终身学习、不断创新的意识，增强科技自信。

任务分组

班级		组号		指导老师	
组长		学号			
组员及任务分工					

工作准备

通过借阅或网上查询的方式，了解立磨结构、工作原理及巡检所需的仪器、工具。

步骤 1：请绘制立磨结构简图，并标出设备巡检位置。

生料立磨

步骤 2：运用 Excel 制作立磨设备巡检表。

立磨巡检表

工作实施

1. 运行中的巡检

巡检点 1：磨筒体

巡检点	巡检内容	工具/方法
磨筒体		

巡检点 2：液压系统

巡检点	巡检内容	工具/方法
液压系统		

小提示

液压加压装置由 3 组油缸、3 个张紧杆和 3 组铰接支承装置组成（图 2-3）。主要作用是为磨辊粉磨物料提供一定的压力、系统的自动卸荷、系统的手动卸荷、维修时压力框架的提升和下降。

油缸和蓄能器的底部通过销子铰接于基础框架的耳板上，上部与磨辊压力框架形成铰接连接，这种上下铰接装置保证了油缸在恶劣的受力状态下的稳定性。

磨辊的预加负载是靠液压施加的，油缸的工作腔与蓄能器的油腔相连，因此，充加在蓄能器胶囊中的氮气能起到减振、缓冲作用。

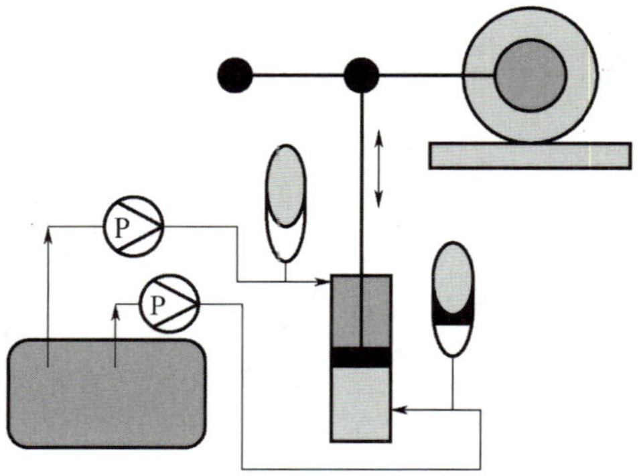

图 2-3　液压加压装置

加压装置液压系统 3 个油缸的下腔彼此相通，其上腔直接与蓄能器连接并通过安全溢流阀与系统主干路连接。3 个油缸的上腔还设有卸油腔并彼此相通，与油箱连接。

立式磨加压系统的卸荷：

（1）自动操作

二位四通手动换向阀处于工作位置，球阀打开，压力继电器接通，电磁阀接通。

（2）手动操作

电磁阀断开，球阀打开，二位四通手动换向阀处于非工作位置。

（3）检修时压力框架的提升和下降

① 提升

手动转换二位四通手动换向阀至非工作位置，关闭球阀。手动启动油泵电机，压力上升，油进入油缸下膛，压力框架升起，当压力框架卡住或升到终端位置时，溢流阀起保护作用。

② 压力框架依靠自重慢速下降

手动转换二位四通手动换向阀至工作位置，关闭球阀，落下压力框架不需启动油泵电机，只慢慢抓开节流阀，压力框架即可依靠自重徐徐下降，下降速度靠节流阀调节。

巡检点 3：氮气压力

巡检点	巡检内容	工具/方法
氮气压力		

巡检点 4：选粉机构

巡检点	巡检内容	工具/方法
选粉机构		

小提示

选粉机构位于辊式磨的上部，是保证产品细度的重要部件，它主要由传动系统、转子、导风叶、壳体、粗粉落料锥斗、出风口等组成。笼形转子装在立轴上，立轴由两个调心滚子轴承和一个推力轴承组成，安装在支承定位装置上。轴承由油杯通过管路注入润滑脂进行润滑。轴的上部则通过联轴器与减速器、电机连接，笼形转子通过变频器对电机进行调速，转速越高，产品粒度越细。一般调速范围为 0~85r/min。

巡检点 5：管道及法兰

巡检点	巡检内容	工具/方法
管道及法兰		

巡检点 6：喷水系统

巡检点	巡检内容	工具/方法
喷水系统		

小提示

立磨内喷水目的主要有二：一是降低立式磨出口气体温度；二是稳定磨内料层厚度，通过向立磨内喷水，使磨盘内的物料增大摩擦力，从而保证物料在磨盘上形成厚度较均匀的料层，减少磨机振动。

巡检点 7：密封风机压力

巡检点	巡检内容	工具/方法
密封风机压力		

小提示

密封装置主要是防止磨腔内的粉尘进入磨辊轴承，由专门的风机提供密封空气，并在风机入口处设有双滤清器，主要是保证密封空气的清洁。密封空气从磨辊轴的端部进入轴承内，并通过测量管路，测量管路上安装有 3 个膜盒式压力表，用于测量密封空气压力，其压力一般不低于 4500Pa。

巡检点 8：稀油站和高低压油站

巡检点	巡检内容	工具/方法
稀油站和 高低压油站		

小提示

稀油站（低压）的作用是为磨机系统提供润滑。根据稀油站各元件布置形式不同，基本上分两种：一种是整体结构，各润滑元件都统一安装在油箱顶上，适用于单机润滑；另一种是分散布置，供油能力较大（一般在 250L/min 以上时采用）。5000t/d 水泥企业选用的立式磨大多是 Atox 和 MPS 磨，稀油站的公称流量为 25L/min。

XYZ-25G 稀油站主要由油泵、滤油器、冷却器、油流指示器、给油指示器、油箱及油路控制元件等组成，主要用来润滑主电机、主减速器和磨辊装置。

减速器的润滑采用稀油循环润滑方式，供油由专用的液压油站来实现。液压油站设置高、低压两套系统，高压油站组成与稀油站基本相同。磨机启动前，先启动液压油站低压润滑系统，约 2min 后启动液压油站高压系统，利用高压油的高压将磨盘体浮起，使滑块止推轴瓦表面形成油膜。约 2min 后再启动磨机。

2. 立磨常见故障分析

故障 1：出磨生料过粗

故障 2：料床变薄，磨机出现隆响

故障 3：磨机风机工作中断

故障 4：料粉输送不畅

故障 5：热风供应中断

故障 6：磨机进出口压差过大

故障 7：磨机进出口压差过小

故障 8：张紧压力下降

故障 9：密封空气压力下降

故障 10：减速器的油压和流量达最小值

故障 11：减速器轴承温度过高

故障 12：磨机下架体的排渣门处物料外溢

故障 13：主电机电流过大

故障 14：磨机振动过大

以上为立式磨常见故障，你能分析这些故障的产生原因并提出合理的处理措施吗？请从以上故障中任意选择一个进行详细分析。

故障名称：

原因分析：

处理方法：

知识链接

立磨开机前的检查

① 检查现场开关是否位于中控室位置。

② 检查立磨内部是否正常，确认无人、无遗留物，检查并关，闭合人孔门、观察孔。

③ 检查传动系统连接是否正常、有无卡碰现象。

④ 检查各部分的固定螺栓、地脚螺栓是否紧固，有无松动现象，防护罩是否固定好；检查拉伸杆位置是否正常，有无渗漏油，定位块有无松动、碎裂现象。

⑤ 检查系统辅机工作是否正常。密封风机工作正常压大于 50000Pa，氮气囊压力（预加载）大于 13MPa，主减速机主电机磅油站油温大于 15℃，液压系统油温等于或大于 0℃，方可启动，否则提前启动加热器系统。主减速机高压泵运行后，滑块压力大于 1.5MPa，各润滑系统润滑油、液压油位、油质正常（一般情况下要关闭冷却水）。

⑥ 检查辅传系统润滑是否正常，辅传盘车能否与主电机正常啮合。

⑦ 检查立磨系统高压空气供气是否正常，压力大于 0.4MPa。

⑧ 检查立磨检修系统的翻辊装置是否脱开。

⑨ 检查入磨皮带布料是否正常、均匀，分料挡板位置是否正确，回转阀动作是否正常。

⑩ 检查吐渣料斗锁风阀锁风是否正常，配重是否合适，吐渣循环系统能否正常开机。

⑪ 检查系统仪表现场显示是否正常，且与输入中控值一致。

相关知识点

液压传动是以液体为工作介质进行能量传递的一种方式。按其工作原理可分为两种类型：一种是容积式液压传动，即借助运动着的液体的容积变化产生的压力能进行工作；另一种是动力式液压传动，即借助运动着的液体的动能进行工作。

1. 液压传动的基本原理

图 2-4 所示的手动液压千斤顶是一种最简单的液压传动装置。其工作原理是：图中 7 和 3 分别是大油缸和小油缸，缸内活塞 6 和活塞 2 与缸筒之间保持良好的配合，既能滑动又不使油液渗漏。两油缸的下腔用油管连通。当提起杠杆 1 时，小活塞就被带动上升，小油缸下腔密封容积就增大，腔内油液的压力就减小。而单向阀 4 和 8 的作用是只允许油液从下向上流过，而不允许油液反向流过。所以，此时油箱 10 中的油液在大气压力作用下，经过单向阀 4 进入小油缸的下腔，而单向阀 8 此时关闭，阻止油液从大油缸流入小油缸。当压杠杆 1 使小活塞下移时，小油缸下腔的容积就减小，油液就经过单向阀 8 流入大油缸下腔，由于放油阀 9 是关闭的，所以油液受到挤压向上推动大活塞 6，使重物 5 被顶起。

如此反复提压杠杆 1，就能不断地将油从油箱 10 中吸入小油缸，然后再压入大油缸使大活塞把重物 5 顶起，达到起重的作用。若将放油阀 9 旋转 90°，大油缸里的油就会流回油箱，活塞 6 就回复到原位。

通过上例可见，液压传动装置实质上是一种能量转换装置。它将机械能转换成液体压力能，随后又将液压能转换成机械能而做功。

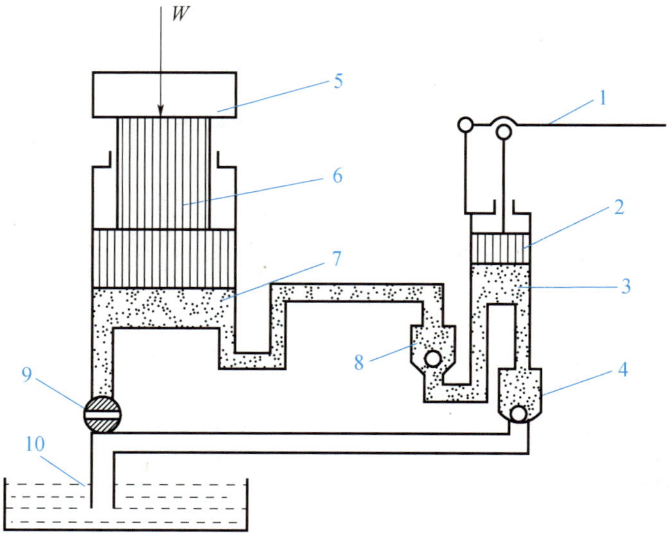

图 2-4 液压传动装置

2. 液压系统的组成

一个完整的液压系统由 5 个部分组成，即动力元件、执行元件、控制元件、辅助元件和液压油。

（1）液压泵。在液压系统中，液压泵将机械能转换为液体压力能，是动力元件。其结构形式很多，常用的有齿轮式、叶片式和柱塞式 3 种。按输出流量能否调节，又有定量式和变量式之分。水泥企业稀油站的液压泵，工作压力一般为 0.3～0.6MPa，高压可达 70MPa。

（2）液压缸。液压缸是将液压能转变为机械能的、做直线往复运动（或摆动运动）的液压执行元件。它结构简单，设计制造比较容易，使用维修比较方便，工作可靠。用它来实现往复运动时，可免去减速装置，并且没有传动间隙，运动平稳，因此在各种机械的液压系统中得到广泛应用。

（3）液压控制阀。在液压系统中，液压控制阀用来控制油液的压力、流量和流动方向，从而控制液压执行元件的启动、停止、运动方向、速度和作用力等，以满足液压设备对各工况的要求。液压控制阀按用途分为方向控制阀、压力控制阀和流量控制阀三大类。

（4）辅助装置。液压系统中的辅助装置有油箱、油管、滤油器、密封件等。它们是系统中不可缺少的组成部分，且对系统的工作性能、寿命、噪声和温升都有直接影响。

油箱：油箱的主要功用是储油，同时兼有散热、沉淀杂质、分离油中的水和气的作用。按使用特点，油箱可分为开式（液面与外部大气相接触）和充气式（液面与压缩空气相接触的闭式结构）两种。

油管：油管是用来连接液压元件，保证工作介质循环流动以传递能量的纽带。

滤油器：滤油器的主要功用是滤去油液中的杂质污物，使油液保持清洁，以提高系统工作的可靠性和液压元件的寿命。

密封装置：密封是保证液压系统正常工作的一个重要问题。如果密封不良，将会造成系统和元件的泄漏加大，使容积效率和工作油压降低，严重时将使液压系统不能工作。油液的外泄会污染环境。

（5）液压油。液压油是液压系统中传递能量的工作介质，有各种矿物油、乳化液和合成型液压油等几大类。

企业案例

立磨密封给料系统改造

案例概述：立磨给料系统回转锁风阀设备故障多、漏风严重是众多水泥企业立磨给料系统“通病”，对生产稳定运行产生较大影响。鉴于此，各企业根据生产实际进行技术改造，采用新型立磨密封喂料转子秤、变径螺旋输送机或增设磨头仓、缓冲仓及堵料报警等措施，来改善立磨给料系统的密封状况。

请查阅有关山东三恩电子有限公司立磨密封式给料机应用的题为“新型立磨密封给料系统的应用”的文献，并画出山东三恩电子有限公司生产的密封式给料机（3N-AFP）结构简图。

该密封式给料机的应用效果：

评价反馈

表 2-2　学习任务评价表

班级：	姓名：		学号：			
任务	立式磨的巡检					
评价项目	评价内容	分值	评价			综合得分
			自评	互评	师评	
职业素养 40%	态度端正，无缺勤、迟到、早退现象	5				
	穿戴整洁，注重修养，文明礼貌	5				
	积极参加教学活动，能按时完成工作任务	6				
	字迹清楚，书面整洁	6				
	团队合作，与人交流能力	6				
	刻苦钻研，精通业务，终身学习，不断创新	6				
	环保意识与节能意识	6				
专业能力 60%	绘制立式磨结构简图	10				
	制作设备巡检表，进行运行中的巡检	10				
	正确进行设备润滑	10				
	正确进行事故分析	10				
	正确表述开机前检查和停机维护项目	10				
	正确进行企业案例分析	10				
合计		100				

关于抱负

1. 龙非池中之物，趁雷欲上九霄。——《三国演义》
2. 十年磨一剑，霜刃未曾试。今日把示君，谁有不平事？——《剑客》贾岛

任务3 组合式旋风收尘器的巡检

任务描述

请完成组合式旋风收尘器的巡检，其主要性能参数如下：

设备名称	主要性能
组合式旋风收尘器	规格：4-ϕ4500mm 处理风量：780000m^3/h 入口含尘浓度：<1000g/Nm^3 出口含尘浓度：<80mg/Nm^3 气体温度：90℃，max150℃

学习目标

1. 能熟练表述旋风收尘器的工作原理与基本结构。
2. 能正确表述旋风收尘器开、停机检查与维护内容。
3. 能熟练表述运行中巡检点及巡检内容。
4. 能正确分析常见故障产生原因并提出解决措施。
5. 化整为零、化繁为简的思想策略。
6. 注重细节，具有高度的责任心。
7. 树立创新意识，增强科技自信。

任务分组

班级		组号		指导老师	
组长		学号			
组员及 任务分工					

工作准备

通过借阅或网上查询的方式，了解旋风收尘器结构、工作原理及巡检所需的仪器、工具。

步骤1：请绘制旋风收尘器结构简图，并标出各部分名称。

步骤2：请画出惯性收尘器收尘原理。

步骤3：运用 Excel 制作组合式旋风收尘器设备巡检表。

工作实施

1. 运行中的巡检

巡检点1：机壳

巡检点	巡检内容	工具/方法
机壳		

小提示

组合式旋风收尘器的壳体主要由 4 个旋风子和中心的 1 个分级筒组成，用焊接的方法将它们连接，形成一个整体。其进气口与辊式磨出气孔连接，中间分级筒的下部有一圆筒与下料斗相连，将收集好的物料通过输送设备运往预均化库。含有剩余 25% 的含尘气体由 4 个旋风子上部的出口排出，排出的气体由与电收尘器连接的管路进入电收尘器，进行二次过滤收尘。

巡检点 2：进料口

巡检点	巡检内容	工具/方法
进料口		

小提示

进料口与立磨出气口连接，携带大量细度合格的生料粉高浓度气流。

巡检点 3：排气管

巡检点	巡检内容	工具/方法
排气管		

巡检点 4：卸料阀

巡检点	巡检内容	工具/方法
卸料阀		

巡检点 5：电机、风机

巡检点	巡检内容	工具/方法
电机、风机		

巡检点 6：连接螺栓

巡检点	巡检内容	工具/方法
连接螺栓		

巡检点 7：基础

巡检点	巡检内容	工具/方法
基础		

2. 旋风收尘器的润滑

表 2-3　旋风收尘器的润滑部位

序号	润滑点		润滑剂		
	润滑部位	润滑方式	名称	标准代号	换油期
1	减速器				
2	上下部轴承				
3	密封装置				
4	循环风机轴承				
5	电动执行器				
6	传动杆铰点				

小提示

组合式旋风收尘器转子主轴的润滑采用润滑脂润滑方式。为了保证大型设备能正常运转，广泛采用双线集中供给润滑系统。双线集中供给润滑系统又分为手动终端式、电动终端式和电动循环式。手动干油润滑系统简单、设备费用低，适用于润滑点少、给脂时间较长的设备，如水泥企业的板式喂料机、破碎机和辊压机等。

手动干油泵的压力一般为 10MPa，主油管直径为 1/4″~3/4″，管长一般在 10~50mm。

电动干油集中润滑系统配置管路费用较低，采用主管末端装有压力操纵阀，作用在分配器上的压力较高，可使用较细的油管，适用于大型设备的润滑。

电动油泵的压力一般为 20MPa，主油管直径为 3/4″~2″，管长一般在 130~150mm。

3. 旋风收尘器常见故障分析

故障 1：壳体磨损

故障 2：圆锥体下部和排尘口磨损，排尘不良

故障 3：排气管磨损

故障 4：进气和排气通道堵塞

故障 5：壁面积灰严重

故障 6：排出的烟气状况恶化而压差增大

故障 7：排出的烟气状况恶化而压差减小

故障 8：分格轮不转或有异声

故障 9：分格轮堵料

以上为旋风收尘器常见故障，你能对各种故障进行原因分析并提出相应的处理措施吗？请从中选择一个故障进行分析。

故障名称：

原因分析：

处理措施：

知识链接

旋风收尘器开机前的检查

（1）检查灰斗有无堵塞和破裂现象。

（2）检查管道有无堵塞和破裂现象。

（3）检查旋风收尘器各结合部位及卸灰装置的密封性是否良好。

（4）开机前，关小挡板，启动风机后无异常现象，再逐渐开大挡板。

企业案例

特型旋风收尘器在生料立磨粉磨系统中的应用

案例概述：在生料粉磨系统中，为了降低进入收尘器的介质浓度，设计上会在磨机与收尘器之间设置一个预收尘器装置：旋风收尘器。该设备所能承受的假想截面风速，对于设备规格以及收尘效率起着决定性的作用。

请查阅姜浩天、姜树丰于 2019 年发表在《水泥》期刊的题为“特型旋风收尘器在生料立磨粉磨系统中的应用”的论文，并进行以下案例分析。

（1）绘制特型旋风收尘器的结构示意图。

（2）特型旋风收尘器工艺流程。

（3）与传统旋风收尘器相比，有何特点？

评价反馈

表 2-4　学习任务评价表

班级：	姓名：		学号：			
任务	组合式旋风收尘器的巡检					
评价项目	评价内容	分值	评价			综合得分
			自评	互评	师评	
职业素养 40%	态度端正，无缺勤、迟到、早退现象	5				
	穿戴整洁，注重修养，文明礼貌	5				
	积极参加教学活动，能按时完成工作任务	6				
	字迹清楚，书面整洁	6				
	团队合作，与人交流能力	6				
	刻苦钻研，精通业务，终身学习，不断创新	6				
	环保意识与节能意识	6				
专业能力 60%	绘制旋风收尘器结构简图	10				
	制作设备巡检表，正确进行运行中的巡检	10				
	正确进行设备润滑	10				
	正确进行事故分析	10				
	正确表述开机前检查和停机维护项目	10				
	正确进行企业案例分析	10				
合计		100				

关于积累

1. 失之毫厘，谬以千里。——《礼记·经解》
2. 不积跬步，无以至千里；不积小流，无以成江海。——《荀子·劝学》

任务 4　斗式提升机的巡检

任务描述

斗式提升机是水泥厂中最常用的垂直输送设备，通常用来提升石灰石、煤、黏土、石膏、熟料、矿渣等块状、粒状物料，以及煤粉、水泥、生料等粉状物料。请完成斗式提升机的巡检。

学习目标

1. 熟练表述斗式提升机的结构、工作原理及技术参数。
2. 能完成斗式提升机的巡检任务。
3. 能正确表述斗式提升机开机前检查和停机维护项目。
4. 能分析斗式提升机常见故障产生原因并提出解决措施。
5. 培养举一反三的能力。
6. 严格执行技术规程和工作规范，安全文明生产。

任务分组

班级		组号		指导老师	
组长		学号			
组员及任务分工					

工作准备

通过借阅或网上查询的方式，了解斗式提升机结构、工作原理及巡检所需的仪器、工具。

步骤 1：请标出斗式提升机各部位名称。

斗式提升机结构

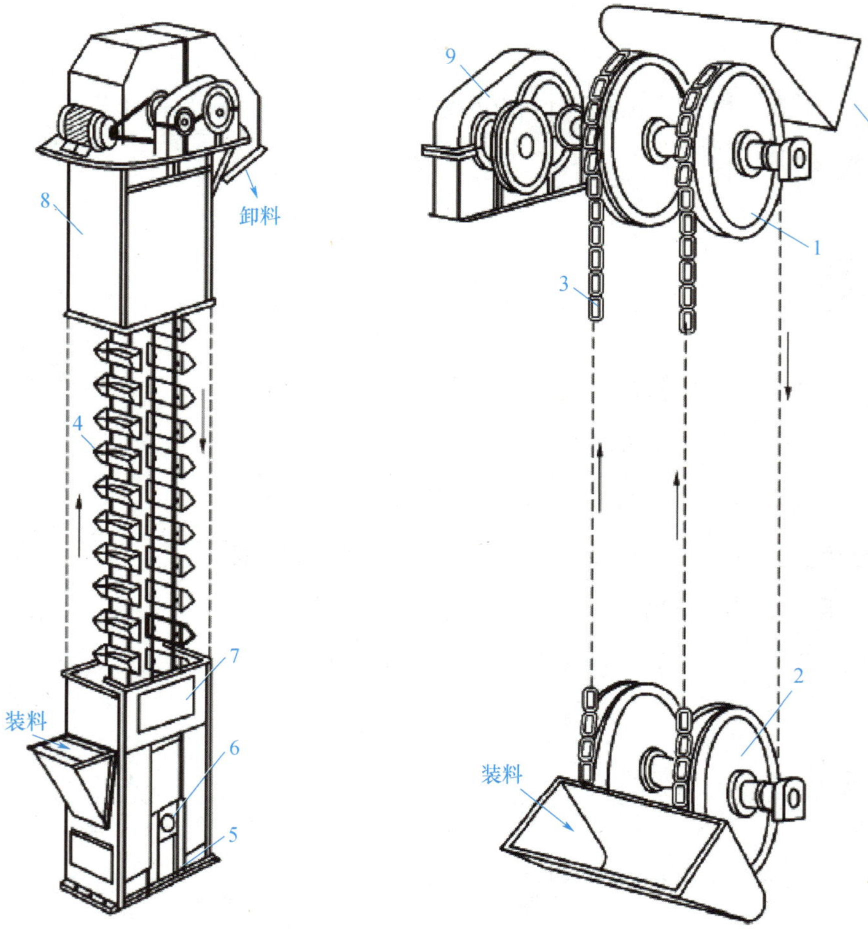

(a) 传动装置装于右边的提升机　　(b) 传动装置装于左边的提升机

图 2-5　斗式提升机结构简图

步骤 2：运用 Excel 制作斗式提升机设备巡检表。

斗式提升机巡检表

工作实施

1. 斗式提升机的巡检

巡检点1：链轮

巡检点	巡检内容	工具/方法
链轮		

巡检点2：料斗

巡检点	巡检内容	工具/方法
料斗		

巡检点3：进出料管

巡检点	巡检内容	工具/方法
进出料管		

2. 斗式提升机的润滑

表2-5　斗式提升机的润滑部位

序号	润滑部位	润滑材料	润滑周期
1	尾部轴承		
2	头部轴承		
3	辅助电机		

续表

序号	润滑部位	润滑材料	润滑周期
4	主传动减速器		
5	主电机		
6	液力耦合器		
7	逆止器		
8	超越离合器		

3. 斗式提升机常见故障分析

故障 1：上下轴承温度高

故障 2：料斗严重变形或刮坏

故障 3：物料回料

故障 4：上链轮发生链条打滑

故障 5：下链轮发生链条打滑

故障 6：高效斗提皮带跑偏

以上为斗式提升机常见故障，你能对各种故障进行原因分析并提出相应的处理措施吗？请从中选择一个故障进行详细分析。

故障名称：

原因分析：

处理措施：

知识链接

斗式提升机开机前的检查

① 检查运动部件是否完好，特别是胶带端部的连接是否牢固或链条各元件有无损坏、断裂现象。

② 检查料斗与牵引构件的连接螺栓有无松动，尾轮的张紧程度是否适宜。

③ 检查各检视门是否密闭好，尾部底座内是否有物料堆积。

④ 检查各润滑部件的润滑情况，并按要求向润滑点加注润滑油。

企业案例

回转窑 TDG 胶带斗式提升机跑偏问题处理

案例概述：公司 4500t/d 生产线入窑生料系统采用 N-TGD800H-141m 胶带斗式提升机。随着设备运行时间的延长，提升机出现连续跑偏问题，经过对提升机尾部配重块进行调整后，跑偏状况有所好转。但运行 2 周后又出现尾部皮带轨迹虽在控制范围内，但头部料斗有摩擦壳体的情况。

请查阅高振华发表的文献“回转窑 TDG 胶带斗式提升机跑偏问题处理”，完成以下案例原因和处理措施分析。

案例原因：

处理措施：

评价反馈

表 2-6　学习任务评价表

班级：	姓名：		学号：			
任务	斗式提升机的巡检					
评价项目	评价内容	分值	评价			综合得分
			自评	互评	师评	
职业素养 40%	态度端正，无缺勤、迟到、早退现象	5				
	穿戴整洁，注重修养，文明礼貌	5				
	积极参加教学活动，能按时完成工作任务	6				
	字迹清楚，书面整洁	6				
	团队合作，与人交流能力	6				
	刻苦钻研，精通业务，终身学习，不断创新	6				
	环保意识与节能意识	6				
专业能力 60%	绘制斗式提升机结构简图	10				
	制作设备巡检表，正确进行运行中的巡检	10				
	正确进行设备润滑	10				
	正确进行事故分析	10				
	正确表述开机前检查和停机维护项目	10				
	正确进行企业案例分析	10				
合计		100				

关于见微知著

以近知远，以一知万，以微知明，此之谓也。——《荀子·非相》

一叶落而知天下秋。闻一以知十。——孔子

任务5 生料均化库的巡检

任务描述

生料均化是水泥生产过程必不可少的重要环节，生料均化库既是一个生料均化设施，又是一个储存库。在生料磨和窑之间，它起着缓冲和平衡的作用。5000t/d 水泥生产线多采用多料流均化库，其主要性能如下，请完成生料均化库的巡检。

设备名称	主要性能
生料均化库	规格：ϕ22.5m；储存量：20000t；储存期：2.5d 1. 库内充气箱及充气系统 库内充气面积：112.7m^2；物料温度：max140℃ 2. 库底充气系统 （1）气动截止阀（0~0.04kW）DN100、DN80 压缩空气耗气量：9L/次；压缩空气压力：>6bar （2）手动截止阀 DN150、DN80、DN50 （3）流量计 DN80 （4）压力开关 （5）压力变送器 （6）测压管 DN40 （7）球阀 DN50 3. 库底卸料系统 流量：max 450t/h （1）手动闸板阀 PETERS 型规格：500mm×500mm （2）气动流量阀 PETERSP 型规格：400mm；100%开度关闭时间：3s （3）电动流量阀 PETERSMP 型规格：400mm 功率：0.03kW；100%开度关闭时间：30s 4. 罗茨风机 5. 计量仓 储存物料：生料；容积：130m^3；有效容积：80m^3 称料仓进料量：max 450t/h；称料仓出料量：max 450t/h 充气压力：50000Pa；耗气量：10m^3/min 6. 固体流量计 生料：水分<10 %；筛余 0.008mm12%；容重 0.7t/m^3；允许温度 max100℃；流量 max 450t/h；计量精度≤±1% 7. 空气输送斜槽 XZ630 输送量：max 450t/h；角度：6°

学习目标

1. 熟练表述生料均化库的结构、工作原理及技术参数。
2. 能完成生料均化库的巡检任务。
3. 能正确表述生料均化库开机前检查和停机维护项目。
4. 能分析生料均化库常见故障产生原因及解决措施。
5. 刻苦钻研，精通业务，终身学习，不断创新。

任务分组

班级		组号		指导老师	
组长		学号			
组员及任务分工					

工作准备

通过借阅或网上查询的方式，了解生料均化库结构和工作原理及巡检所需的仪器、工具。

步骤 1：请标出生料均化库（图 2-4）各部分名称。

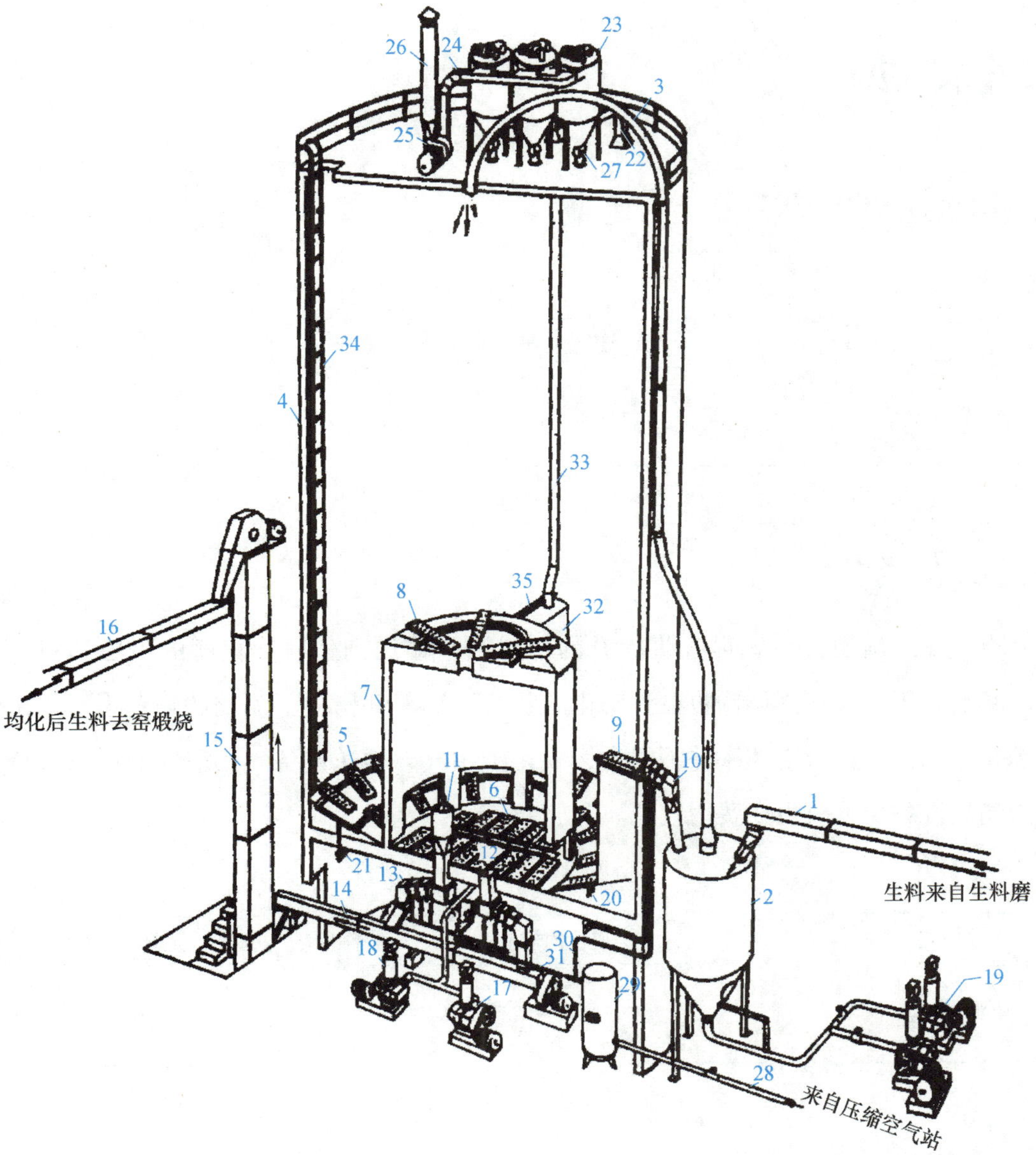

图 2-4　生料均化库结构简图

步骤 2：运用 Excel 制作生料均化库设备巡检表。

生料均化库巡检表

工作实施

1. 生料均化库的巡检

巡检点 1：空气输送斜槽

巡检点	巡检内容	工具/方法
空气输送斜槽		

小提示

空气输送斜槽将斗式提升机提升的物料水平输送到生料均化库的中心卸料口入库，其是利用空气使固体颗粒在流态化的状态下沿着斜槽向下流动的输送设备。由于流态化的固体颗粒的空隙率并不很大，故为密相气力输送设备。其空气的耗量较稀相气力输送设备少，故生产费用较低。

巡检点 2：生料分配器

巡检点	巡检内容	工具/方法
生料分配器		

小提示

在均化库顶部设有生料分配器，将输送斜槽运来的粉状物料均匀分散在生料库内，是一种分流气力输送设备。它是在无水无油的压缩空气的作用下，使粉状物料在容器底部形成流态化，然后流入呈放射状布置的空气斜槽，并多点卸入均化库内，使单位时间出磨物料形成多层薄的水平料层。

根据工艺要求，生料分配器有二嘴、六嘴、八嘴，出料嘴斜度可按工艺在 6°~14° 范围内选择。适用于大、中、小型水泥厂分配水泥、生料之用。

巡检点 3：库底充气系统

巡检点	巡检内容	工具/方法
库底充气系统		

小提示

（1）充气箱

充气箱由箱体和透气性材料组成，铺设在均化库的库底和混合室的顶部，其形状有条形、矩形、方形、环形或阶梯形。箱体用钢板、铸铁或混凝土浇制而成，透气层采用陶瓷多孔板、水泥多孔板或化学纤维过滤布（工业亚麻、帆布），由罗茨风机产生的低压空气的一部分，沿库内周边进入充气箱，透过透气层，产生充气料层。

（2）混合室

既然库的容量很大，不能使库内的全部物料剧烈翻腾起来而均化，那么可以在均化库内设置一个小的搅拌室，专门给物料提供一个充分搅拌的“单间”，让库内下部的生料在产生充气料层后，沿着库底斜坡流进（粉状物料是有一定的流动性的）库底中心处的搅拌室，在这里会受到强烈的交替充气，使料层流态化，充分搅拌趋于均匀。

混合室内装有一高位出料管，一般高出充气箱 3～4m，经过空气搅拌均化后的生料从高位管溢流而出，由库底卸料器卸出。低位出料管比充气箱约高 40mm，用于库底检修卸空物料之用。

（3）充气装置

连续式空气均化库的工作特点是局部充气、连续操作，所需空气压力一般不超过 5000mmH_2O，空气消耗量较大，可达 45m^3/min 以上。均化库的气源来自罗茨风机，把它产生的低压空气的大部分经回转式空气分配阀分配，分别送进搅拌室和环行充气箱，其余进入隧道区充气箱及混合室充气箱。

罗茨风机为生料的均化提供了足够的气源。它由两只渐开线腰形转子组成，依靠主轴上的齿轮，带动从动轴上的齿轮，使两个平行的转子作等速相对转动，完成吸气（空气从下部或一侧吸入）并通过回转式空气分配阀向库底充气箱充气（上部或另一侧排气）过程。两转子之间及转子与壳体之间均有极小间隙（0. 25～0. 4mm），否则气体是不能吸进来的，也就没有气体可送出去，均化也就无从谈起。

这里需要了解一下罗茨风机型号的含义，举例如下：

D36×60-60/5000

第一个字母D表示风机的结构形式（SD为水冷结构）；“36”表示风机叶轮的直径为36cm；第一个“60”表示风机叶轮的长度为60cm；第二个“60”表示风机的流量为60m^3/min；“5000”表示风机的静压能力为5000mmH_2O。

风机的两个转子中心线在同一垂直平面内，进出风口分别在风机的两侧，叶轮直径小于500mm的，是A型风机；进风口在风机的下部，出风口在上部，叶轮直径大于500mm的，是B型风机。两种风机都采用弹性联轴器与电机相连直接传动。

从罗茨风机送来的空气要通过库底若干条充气管路分别送给库底卸料器和各个充气箱，库底环形充气区（倾斜度为13%）和混合室底部平面充气区是对应分区充气的，由回转式空气分配阀来控制，它与均化库相匹配，有四嘴和八嘴两种，由一组传动装置驱动，转动时向库底充气区轮流供气。

巡检点4：库底卸料系统

巡检点	巡检内容	工具/方法
库底卸料系统		

小提示

均化合格的生料即可以入窑，它们可以从库底和库侧分别卸出。可用刚性叶轮卸料器控制卸料量，也可用气动控制卸料装置，出口接输送设备。

在混合搅拌室的下部装有两种不同的卸料装置，高位溢流出料管和低位出料管。溢流管的高度高出充气箱3~4m，这个高度大约为混合搅拌室内停止充气时料层高度的80%。在正常工作时，混合搅拌室上部的粉料均化程度高于底部，故由溢流出料管出料。多数均化库的溢流管下部与可调的刚性叶轮卸料器相接（下料量必须高于实际需要值），由直流调速电机直接驱动。低位下料管（比充气箱约高40mm）是一备用卸料装置，当叶轮下料器发生故障或需将混合室内生料卸空时才使用，下部装有库底卸料器。两个卸料管也可以都采用库底卸料器卸料。

巡检点5：收尘系统

巡检点	巡检内容	工具/方法
收尘系统		

小提示

由于均化库的高度约30～60m，物料由库顶落到库内会从库顶孔口冒出粉尘，特别是库内存料量少时落差更大，冒出的粉尘也就更多，所以库顶要加除尘器。另外，在库底固体流量计与皮带输送机的下料位置设有单机除尘器。

2. 生料均化库常见故障分析

故障1：库内物料下落不均

故障2：充气材料损坏

故障3：充气材料堵塞

故障4：充气管道漏气

故障5：计量仓内料重逐渐增大

故障6：阀动作迟缓或不到位

故障7：空气输送斜槽堵料

以上为生料均化库常见故障，你能对各种故障进行原因分析并提出相应的处理措施吗？请从中选择一个故障进行分析。

故障名称：

原因分析：

处理措施：

知识链接

生料均化库开机前的检查

① 检查所有设备润滑加油点的油量与油质情况是否符合规定要求，并且不漏油、不堵塞。

② 检查所有设备所需供水、供气的管路是否通畅，压力是否满足设计和运行要求。

③ 对均化库所属设备进行仔细检查，包括地脚螺栓、连接螺栓等，检查各密封处是否严实。

④ 检查各种阀门动作是否灵活准确，调节控制量与实际操作要求是否相符。

⑤ 检查各种仪器仪表指示和信号联络是否有效无误。

生料均化库开停车顺序

① 收尘系统总是先于库底充气、生料输送和入窑喂料设备开机，并在生料输送和入窑喂料设备停机后才允许停收尘系统。

② 卸料阀的开关取决于计量仓内生料量的多少，卸料量可根据实际生产情况随时调节。

③ 料库库底轮流分区充气顺序由顺序控制器控制。当混合室内压力达到最小值时，外环罗茨风机启动；当混合室内压力达到最大值时，外环罗茨风机停止充气，而内环风机则一直轮流充气，以保证生料顺利卸出。

生料均化库停机检查与维护

① 每次定期停机维修均应放空空气输送斜槽、生料均化库预分配系统内的生料，清扫干净，仔细检查充气层的情况和密封是否良好，若充气层粘堵、破损必须马上更换。

② 经常检查各料区气路电磁阀，确保其开闭到位，使各料区的充气均衡、有序地进行。如采用空气分配器，须定期查看磨损情况，必要时更换阀芯。

③ 定期查看生料分配器透气层是否堵塞和损坏，并及时清除分配器底部的杂质。

④ 严防雨水渗入输送设备和库内，以免形成大块湿料团，影响均化库的正常运行。

⑤ 检查空气输送斜槽帆布是否破损，如破损应及时更换；对运转中漏灰、漏风的地方进行重新密封；定期消除空气室内的积灰和下料口处的积灰；检查风机叶片是否磨损、有裂缝或变形。

⑥ 经常检查流量控制调节阀的阀体内表面是否损伤，清除杂物，防止堵料损伤阀门。经长期运转后，衬垫与阀芯之间的间隙会因磨损而增大，此时可均匀地调整衬垫与阀体法兰固定的调节螺栓，把间隙调整到需要值，如磨损量过大，则必须更换零部件，否则会影响流量阀的调节线性。

企业案例

入均化库斜槽中心筒改造

案例概述：某公司 4500t/d 生产线自投产以来，每次开机生产时，入均化库大斜槽总是堵塞，待疏通后再生产时才能基本正常。多次对比分析后发现，每次斜槽堵塞时均为生产线刚开机，收尘器及锅炉内生料温度都比较低，造成生料流动性不好，引起卸料中心筒生料聚积，从而导致斜槽堵塞。对中心筒改造后经历多次开停机，未再发生堵塞现象。

请查阅韩亚新等于 2016 年发表的文献“入均化库斜槽中心筒改造”，完成以下案例分析。

（1）改造前后的对比。

（2）改造后的成效。

评价反馈

表 2-7　学习任务评价表

班级：	姓名：	学号：				
任务	生料均化库的巡检					
评价项目	评价内容	分值	评价			综合得分
			自评	互评	师评	
职业素养 40%	态度端正，无缺勤、迟到、早退现象	5				
	穿戴整洁，注重修养，文明礼貌	5				
	积极参加教学活动，能按时完成工作任务	6				
	字迹清楚，书面整洁	6				
	团队合作，与人交流能力	6				
	刻苦钻研，精通业务，终身学习，不断创新	6				
	环保意识与节能意识	6				
专业能力 60%	绘制生料均化库结构简图	10				
	制作设备巡检表，正确进行运行中的巡检	10				
	正确进行事故分析	10				
	正确表述开机前检查	10				
	正确表述停机维护项目	10				
	正确进行企业案例分析	10				
合计		100				

关于团队合作

1. 一个人没有团队精神难成大事；一个企业没有团队精神将成为一盘散沙；一个民族如果没有团队精神将难以强大。

2. 不管一个人多么聪明，集体常常比他更聪明、更有力。

3. 一人强，不是强，再强也是一只羊。团队强，才是强，团结起来就是狼。只有团结才有强大的能量，凝聚在一起才是团队！

模块 3

熟料煅烧设备巡检

项目导读

熟料煅烧工艺流程如图 3-1 所示，请完成旋风预热器、分解炉、回转窑和篦式冷却机的巡检。

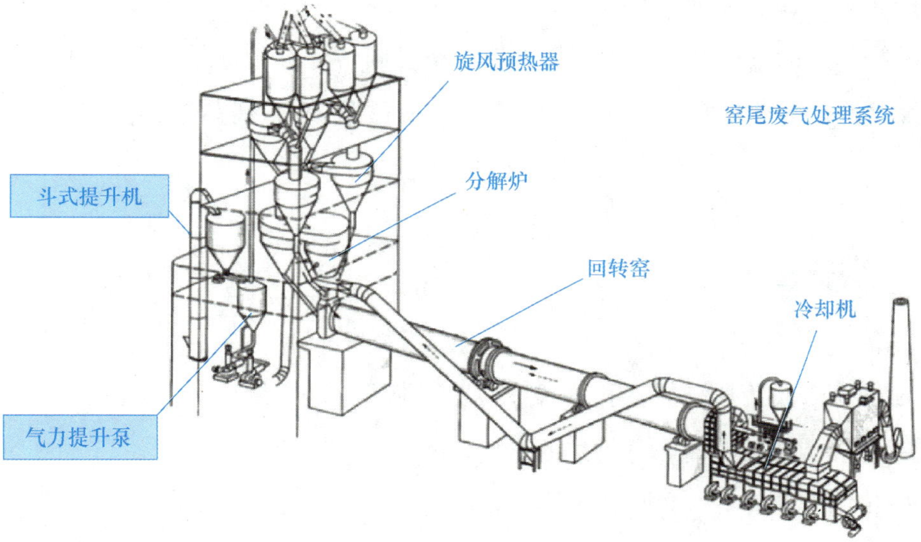

图 3-1 水泥熟料煅烧工艺流程图

学习目标

1. 熟知预分解窑系统工艺流程。
2. 熟知预热器、分解炉、回转窑、篦式冷却机的构造及工作原理。
3. 能完成各设备的巡检任务。
4. 能正确表述各设备的开机前检查和停机维护项目。
5. 具备设备润滑和冷却系统知识。
6. 能对常见故障进行原因分析和处理。

项目实施

任务1 预热分解设备的巡检

任务描述

悬浮预热、预分解技术是新型干法水泥生产技术的核心，其最大特点是将原来回转窑内堆积状态的气固换热和传质变为悬浮态气固传递并增加了分解炉进行窑外预分解，从而使窑内需要较长时间的干燥、预热和碳酸盐分解过程在窑外悬浮状态下迅速完成。

学习目标

1. 能熟练表述旋风预热器和分解炉的工作原理与基本结构。
2. 能完成旋风预热器和分解炉的巡检任务。
3. 能正确表述开机、停机检查与维护内容。
4. 能正确进行设备润滑。
5. 不畏困难、细心、有责任心，具有分析问题和解决问题的能力。

任务分组

班级		组号		指导老师	
组长		学号			
组员及 任务分工					

工作准备

通过借阅或网上查询的方式，了解预热器分解炉结构、工作原理以及巡检所需的仪器、工具。

步骤1：绘制单级预热器结构简图。

旋风预热器

步骤2：运用Excel制作预热器分解炉设备巡检表。

预热器巡检表

工作实施

1. 旋风预热器和分解炉的巡检

巡检点1：旋风筒、分解炉和三次风管

巡检点	巡检内容	工具/方法
旋风筒、分解炉和三次风管		

小提示

旋风筒是预热器最重要的单体，承担着物料分离、气固换热和小部分碳酸钙分解的任务，是预热器阻力的主要来源，其阻力和分离效率两个指标对系统的电耗及热耗至关重要。各级旋风筒依其所处的位置和作用不同，分别采用不同的高径比和内部结构形式。一级旋风筒采用高柱长内筒形式以提高分离效率，减少废气带走飞灰量。各级旋风筒均采用蜗壳进口方式，减小旋风筒直径，使进入旋风筒气流通道逐渐变窄，有利于减少小颗粒向筒壁的移动距离，增加气流通向出风管的距离，这样可将内筒缩短并加粗，以降低阻力损失。各级旋风筒之间均采用方圆变换形式，以增强局部涡流，使气流得到充分的混合与热交换。旋风筒巡检时应注意：及时发现并清除结皮、堵塞物；清除各级旋风筒及下料管内的积料；检查 4、5 级翻板磨损、变形情况；检查 4、5 级内筒磨损变形情况。

分解炉壳体一般为圆柱形筒，内部砌有耐火材料。从上级旋风筒下来的生料，通过下料管进入，完成物料分解。

巡检点 2：换热管道及撒料装置

巡检点	巡检内容	工具/方法
换热管道及撒料装置		

小提示

换热管道是旋风预热器系统中的重要装备，它不但承担着上下两级旋风筒间的连接和气固流的输送，同时还承担着物料分散、均布、锁风和气固两相间的换热。换热管道除管道本身外，还设有下料管、撒料器、锁风阀等装备，它们同旋风筒一起组合成一个换热单元。一般情况下，管道换热占整个换热量的 80%，旋风筒内换热仅占 20%。换热管道内的风速一般为 16~25m/s。

撒料装置的作用在于防止下料管下行物料时，物料进入管道时向下冲料，并促使下冲物料冲至撒料板后分散、飞溅。撒料装置有两种类型和结构，一是板式撒料器，二是撒料箱。此处的巡检重点是撒料板的磨损量及变形情况。

巡检点3：锁风翻板排灰阀

巡检点	巡检内容	工具/方法
锁风翻板排灰阀		

小提示

锁风阀也是预热器系统重要的附属设备，它装于管与下级旋风筒出口的换热管道的入料口之间的适当位置。其作用在于保持下料管道经常处于密闭状态，既保持下料均匀畅通，又能密封物料不能填充的下料管空间，最大限度地防止上级旋风筒与下级旋风筒出口换热管道间由于压力差容易产生的气流短路、漏风而降低分离效率和换热效率。

正常生产中应注意检查各翻板阀动作是否灵活，必要时应调整重锤位置，控制翻板动作幅度小而频繁，以保证物料均匀，避免大幅度的脉冲下料。在调整重锤时，首先将阀杆用力按到最低位置（即关闭），然后放手，锁风阀应自动回复一段距离，然后再回到最低位置，此时即为锁风阀配重的合理位置。

预热器锁风阀一般有单板式、双板式和瓣式三种形式。一般来说，倾斜式或料流量较小的下料管上，多采用单板阀；在垂直的或料流量较大的下料管上，多装设双板阀。

巡检点4：冷风门

巡检点	巡检内容	工具/方法
冷风门		

巡检点 5：监测仪表

巡检点	巡检内容	工具/方法
监测仪表		

巡检点 6：清堵装置

巡检点	巡检内容	工具/方法
清堵装置		

小提示

一般在悬浮预热器系统，特别是在最下两级旋风筒的锥体卸料部位，沿切线方向装有高压空气清扫喷嘴或空气炮，定时清扫，清除结皮，效果良好。当结皮严重危害生产时，则需要采用机械方法来消除。

2. 预热分解设备的润滑

表 3-1　预热器及分解炉系统的润滑

润滑部位	润滑点		润滑剂	加油（或脂）周期（h）	每点每次充油（脂）量
	序号	点数			
翻板阀轴承					

3. 常见故障分析

故障 1：预热器分解炉堵塞

故障 2：预热器掉耐火砖

故障 3：预热器结皮、积料

故障 4：炉入口、出口积料

故障 5：喷煤嘴悬挂附着物

以上为预热分解设备常见故障，你能分析这些故障的产生原因并提出合理的处理措施吗？请从以上故障中任意选择一个进行详细分析。

故障名称：

原因分析：

处理方法：

知识链接

旋风预热器和分解炉开机前的检查项目

① 检查各级翻板阀轴承是否补加润滑脂，并确认翻板动作灵活。

② 清除各级旋风筒及溜管内的一切杂物。

③ 检查热风管连接的密封性，拆除膨胀节保护螺栓。

④ 检查设备紧固情况，如地脚螺栓、传动连杆等易松部位的连接螺栓。

⑤ 检查耐火砖是否完好，重点是下料管、锥体撒料板上下部位。

⑥ 关闭所有的人孔门及检查孔。

⑦ 检查现场仪表，要求显示正确，与中控室保持一致。

⑧ 点火升温或烘干时，要将预热器各下料溜子挡板用铁丝吊起，并将旋风筒顶部的排气阀打开，使筒内蒸汽排出；当窑系统开始投料时，各下料溜子挡板放下再开始投料。

⑨ 断开分解炉喂煤管路、生料入预热器溜子，防止烘干时水汽倒流；断开高温风机出口（或入口）管路，防止水汽进入生料粉磨系统和废气处理系统。

⑩ 旋风筒顶部、分解炉顶部及各级上升管道顶部浇注排气孔打开。

⑪ 备齐清堵工具、安全用品。加强现场巡检，密切注意预热器各部位的压力监测，发现积料堵塞情况要及时处理。清料时要注意安全、仔细，严防烫伤。

企业案例

投料初期预热器堵塞事故发生的原因分析及预防

案例概述：河南省某 5000t/d 水泥熟料生产线协同停机检修，半月后 16：40 点火升温，第二日 1：00 投料，8：20 发现 B 列 C_5 锥体负压异常，现场确认已发生堵塞，立即止料处理。

请查阅张淑玲等发表的文献“投料初期预热器堵塞事故发生的原因分析及预防”，完成以下案例分析。

事故原因：

采取措施：

案例启示：

评价反馈

表 3-2 学习任务评价表

班级：		姓名：	学号：			
任务	预热分解设备的巡检					
评价项目	评价内容	分值	评价			综合得分
			自评	互评	师评	
职业素养 40%	态度端正，无缺勤、迟到、早退现象	5				
	穿戴整洁，注重修养，文明礼貌	5				
	积极参加教学活动，能按时完成工作任务	6				
	字迹清楚，书面整洁	6				
	团队合作，与人交流能力	6				
	刻苦钻研，精通业务，终身学习，不断创新	6				
	环保意识与节能意识	6				
专业能力 60%	绘制预热器和分解炉结构简图	10				
	制作设备巡检表，正确进行运行中的巡检	10				
	正确进行设备润滑	10				
	正确进行事故分析	10				
	正确表述开机前检查和停机维护项目	10				
	正确进行企业案例分析	10				
合计		100				

关于安全

1. 安全法规血写成，违章害己害人。
2. 安全在身，家人放心。安全疏忽，苦难缠身。
3. 幸福是棵树，安全是沃土。

任务2 回转窑的巡检

任务描述

请完成回转窑的巡检，其主要性能参数如下：

设备名称	主要性能
回转窑	产量：5000t/d；挡轮数：3 挡；每挡托轮用水量：3~4m^3/h 斜度：4%；主传转速：0.35~4.0r/min；辅转速：8.52r/h 挡轮形式：液压挡轮；主传动减速器：JH710C-SW305-40 传动方式：单传动；润滑方式：集中润滑 主传动电机：ZSN4-400-092IP44

学习目标

1. 能熟练表述回转窑的结构、工作原理及技术参数。
2. 具备回转窑正常运转的知识。
3. 能分析回转窑常见故障产生的原因及采取相应的措施。
4. 能实施回转窑开机前检查及停机维护。
5. 刻苦钻研，精通业务，终身学习，不断创新。

任务分组

班级		组号		指导老师	
组长		学号			
组员及任务分工					

工作准备

通过借阅或网上查询的方式，了解回转窑结构、工作原理及巡检所需的仪器、工具。

步骤 1：请绘制回转窑结构简图，并标出各部分名称。

回转窑

步骤 2：运用 Excel 制作回转窑设备巡检表。

回转窑巡检表

工作实施

1. 回转窑的巡检

巡检点 1：轮带

巡检点	巡检内容	工具/方法
轮带		

小提示

轮带是一个坚固的大圆钢圈，套装在窑筒体上。整个回转窑包括窑砖和物料的全部重量，通过轮带传给托轮，由托轮支承，轮带随筒体在托轮上滚动，其本身还起着增加筒体刚性的作用。

巡检点2：托轮

巡检点	巡检内容	工具/方法
托轮		

小提示

在每道轮带的下方两侧设有一对托轮支承窑的部分重量。各组托轮中心线必须与筒体中心线平行。

巡检点3：大小齿轮

巡检点	巡检内容	工具/方法
大小齿轮		

小提示

回转窑的大小齿轮在低转速、大功率、多粉尘、高温度的条件下工作，因此，对大小齿轮的要求比一般传动机构中的齿轮要高。大齿轮采用正火处理，HB＝163～187，小齿轮采用调质处理，其齿面硬度比大齿轮高40～70HB。由于大齿轮采用对开结构，大齿轮的齿数应取偶数，一般为90～150齿，小齿轮齿数取奇数，一般为18～26，大齿轮与小齿轮的传动比控制在$i=5\sim7.5$，最高为$i=8\sim9$。

巡检点4：大齿圈与筒体连接

巡检点	巡检内容	工具/方法
大齿圈与筒体连接		

小提示

大齿轮通过弹簧钢板与窑体相连，安装在窑体中部，中心线与窑体中心线重合。电动机通过减速器带动小齿轮转动，小齿轮带动大齿轮转动，大齿轮带动窑体转动。

巡检点 5：液压挡轮

巡检点	巡检内容	工具/方法
液压挡轮		

小提示

液压挡轮装置是用来控制窑体的轴向窜动。使用液压挡轮的回转窑，回转窑的轴心线与托轮的轴心线平行，此时回转窑的位置完全由液压挡轮来控制。

近年来，液压挡轮的应用越来越多，特别是新建的大、中型回转窑基本上都采用了液压挡轮装置。

液压挡轮控制系统

巡检点 6：筒体

巡检点	巡检内容	工具/方法
筒体		

小提示

水泥回转窑筒体是回转窑的躯干，是由 10～70mm 铁质钢性材料卷成筒体，然后把各段铆接或焊接而成。筒体外面套有几道轮带，坐落在相对应的托轮上，一般有三组支承托轮。为了保护筒体，窑内砌筑 100～230mm 厚不同材质的耐火砖。为使物料能由窑尾逐渐向窑前运动，一般倾斜布置，斜度为 3%～5%；转速设计一般为 1～4r/min。

巡检点 7：窑前后密封

巡检点	巡检内容	工具/方法
窑前后密封		

小提示

回转窑是在负压下操作的热工设备，在进、出料端与静止装置（烟室或窑头罩）相接处，难免要吸入冷空气，为此必须装设密封装置，以减少漏风。如果密封效果不佳，那么，在热端将降低燃烧温度增加热耗，在冷端将影响窑内正常通风加大主排风机负荷。因此，密封性能的好坏，对窑系统的运转和生产指标如产品质量和能耗等，具有重要意义。

巡检点 8：底座及地脚螺栓

巡检点	巡检内容	工具/方法
底座及地脚螺栓		

巡检点 9：窑口浇注料

巡检点	巡检内容	工具/方法
窑口浇注料		

巡检点 10：冷却风机

巡检点	巡检内容	工具/方法
冷却风机		

巡检点 11：燃烧系统

巡检点	巡检内容	工具/方法
燃烧系统		

小提示

燃烧系统的作用是将燃料喷入窑内，为物料煅烧提供热能，主要由燃烧器、罗茨风机及连接管道等组成。

三级巡检工的要求：能判断燃烧器径向风与轴向风比例是否适当；能检查燃烧器喷嘴耐火材料是否烧损剥落；能判断燃烧器的位置是否正确，火焰是否冲刷窑皮；能检查燃烧器有无“跑”“冒”“漏”现象；能检查燃烧器煤粉、油、风通道是否畅通、接头是否松动；能检查确认燃烧器移动调节装置是否灵活。

2. 回转窑的润滑

表 3-3 回转窑的润滑

润滑部位	润滑剂	加油（或脂）周期（h）	每点每次充油（脂）量
托轮轴承			
托轮与轮带接触面			
大齿圈及小齿轮			
挡轮轴承			
挡轮液压站			
燃烧器轨道轴承			

3. 常见故障分析

燃烧器故障：故障 1：送煤管漏煤粉

故障 2：火焰形状不正常

故障 3：火焰形状不佳

故障 4：耐火浇注料脱落

回转窑故障：故障 1：窑筒体局部温度高

故障2：掉砖

故障3：托轮轴瓦温度高

故障4：短期停窑后启动困难

故障5：窑体上下窜动过于频繁

故障6：托轮基础振动过大

故障7：运行时有尖锐异响

传动装置故障：故障1：供油压力低

故障2：供油压力高

故障3：齿轮磨损快

故障4：大齿轮振动

故障5：主减速机高速轴有异响

液压挡轮装置故障：故障1：供油压力低

故障2：回油速度太快

故障3：运行时有异响

以上为回转窑系统常见故障，你能分析这些故障的产生原因并提出合理的处理措施吗？请从以上故障中任意选择一个进行详细分析。

故障名称：

原因分析：

处理方法：

知识链接

设备开机前的检查

1）燃烧器开机前的检查

① 检查燃烧器的耐火材料是否剥落、筒体是否变形，查看头部磨损及烧损情况，检查通道是否畅通、各部间隙是否符合要求。

② 检查喷煤管入口，查看其磨损情况。

③ 确认燃烧器与窑口的位置是否合适，以防烧坏窑衬。

④ 确认燃烧器活动小车移动是否灵活，调整装置是否灵活。

⑤ 检查一次风总阀调整是否灵活、可靠。

2）回转窑开机前的检查

（1）检查轮带

① 检查轮带与垫片之间的间隙，应无异物。

② 检查轮带与垫片之间是否加足石墨锂基脂。

③ 检查轮带与托轮之间接触面有无异物。

④ 检查轮带与托轮旋转时是否碰到其他物体。

（2）检查托轮

① 检查各螺母有无松动。

② 检查石墨是否装好，托轮轴温检装置是否完好。

③ 检查润滑油位及冷却水阀是否打开。

（3）检查筒体及三次风管

① 检查出入口处密封装置及窑口护板的安装螺栓是否松动。

② 检查窑内耐火材料是否符合砌筑要求，并清除杂物。

③ 烟室斜坡与下料管相接处砌筑是否光滑。检查人孔门、捅料孔是否关闭。

（4）检查密封装置

① 检查密封件间隙大小。

② 检查密封件间有无异物。

③ 检查密封件磨损情况。

（5）检查传动系统

① 检查油箱油位。

② 检查减速机联轴节润滑状况。

③ 检查各阀门、管道是否正常，有无渗、漏油现象。

④ 检查主辅离合器是否能正常离合、是否在正确位置，限位开关是否能准确动作。

⑤ 检查安全装置是否齐全。

⑥ 检查大小齿轮啮合及连接件情况。

（6）检查挡轮

① 检查液压挡轮轴承和油箱油质、油量是否满足要求。

② 检查泵吸入侧阀是否全部打开，检查送油管路内气体是否全部排出。

③ 检查各过滤器的指标是否处于正常位置。

④ 检查泵安全阀设定压力是否在规定值范围。

⑤ 检查各手动阀门是否动作灵活。

⑥ 检查液压挡轮的石墨润滑情况，保持石墨块与挡轮接触面接触良好。

企业案例

浅析回转窑支承装置结构的改进

案例概述：回转窑支承装置由轮带、托轮、轴承和挡轮组成，用于承载窑筒体并在径向对筒体起定位作用。目前国内的窑支承装置均采用固定支承，不能根据筒体中心线的实时变化进行动态调整。通过改进，将托轮底座分为固定底座与可调活动底座两部分，可在线调整托轮和轮带的接触面大小，确保三挡支承装置受力均匀，有效提高了窑运转率。

请查阅吴志江等发表的文献“浅析回转窑支撑装置结构的改进”，完成以下案例分析。

改进前后的对比：

案例启示：

评价反馈

表 3-4　学习任务评价表

班级：		姓名：		学号：		
任务	回转窑的巡检					
评价项目	评价内容	分值	评价			综合得分
			自评	互评	师评	
职业素养 40%	态度端正，无缺勤、迟到、早退现象	5				
	穿戴整洁，注重修养，文明礼貌	5				
	积极参加教学活动，能按时完成工作任务	6				
	字迹清楚，书面整洁	6				
	团队合作，与人交流能力	6				
	刻苦钻研，精通业务，终身学习，不断创新	6				
	环保意识与节能意识	6				
专业能力 60%	绘制回转窑结构简图	10				
	制作设备巡检表，正确进行运行中的巡检	10				
	正确进行设备润滑	10				
	正确进行事故分析	10				
	正确表述开机前检查和停机维护项目	10				
	正确进行企业案例分析	10				
合计		100				

关于节能减排

1. 能源资源有限，节能减排无限。
2. 浪费过去时，节约进行时，完美将来时。
3. 节约眼前一度电，点亮后代一盏灯。

任务3 篦式冷却机的巡检

任务描述

冷却机是水泥企业熟料煅烧系统配套的主机设备之一，它的作用主要是对熟料进行冷却和输送，同时也是水泥煅烧系统中热回收的重要工艺设备。由于冷却机是在高温、工况条件多变的环境下工作，本身结构复杂、操作难度大、故障率较高，因此，它是直接影响回转窑运转率高低的关键设备。某5000t/d水泥熟料生产线所用篦式冷却机的性能如下，请完成篦式冷却机的巡检。

设备名称	主要性能
篦式冷却机	规格：4.2m×31m；生产能力：5000~5500t/d 篦床有效面积：121m^2；篦床冲程：125mm 冲程次数：4~25次/min

学习目标

1. 熟练表述篦式冷却机的结构、工作原理及技术参数。
2. 具备篦式冷却机正常运转的知识。
3. 能分析篦式冷却机常见故障产生的原因及采取相应措施。
4. 能实施篦式冷却机开机前检查。
5. 能进行篦式冷却机的停机维护。
6. 能做到具体情况具体分析。
7. 培养创新意识、环保意识和节能意识。

任务分组

班级		组号		指导老师	
组长		学号			
组员及任务分工					

工作准备

通过借阅或网上查询的方式，了解第三代篦式冷却机结构、工作原理及巡检所需的仪器、工具。

步骤 1：请绘制第三代篦式冷却机结构简图，并标出各部分名称。

篦冷机

步骤 2：运用 Excel 制作第三代篦式冷却机设备巡检表。

篦冷机巡检表

工作实施

1. 篦式冷却机的巡检

巡检点 1：物料状况

巡检点	巡检内容	工具/方法
物料状况		

巡检点 2：液压传动系统

巡检点	巡检内容	工具/方法
液压传动系统		

小提示

大型篦冷机（图 3-2）大多采用液压传动系统，由传动机构、液压系统和电控系统组成。传动机构主要由液压缸、行走部分、支座和传动轴组成。通过传动机构与篦床活动框架的连接，实现液压缸对篦床往复运动的动力传输。传动轴安装在篦冷机的内部，三点托辊支承并与活动梁连在一起，液压缸往复运动时，带动横轴和活动梁在规定的范围内来回移动，完成输送物料的工作。

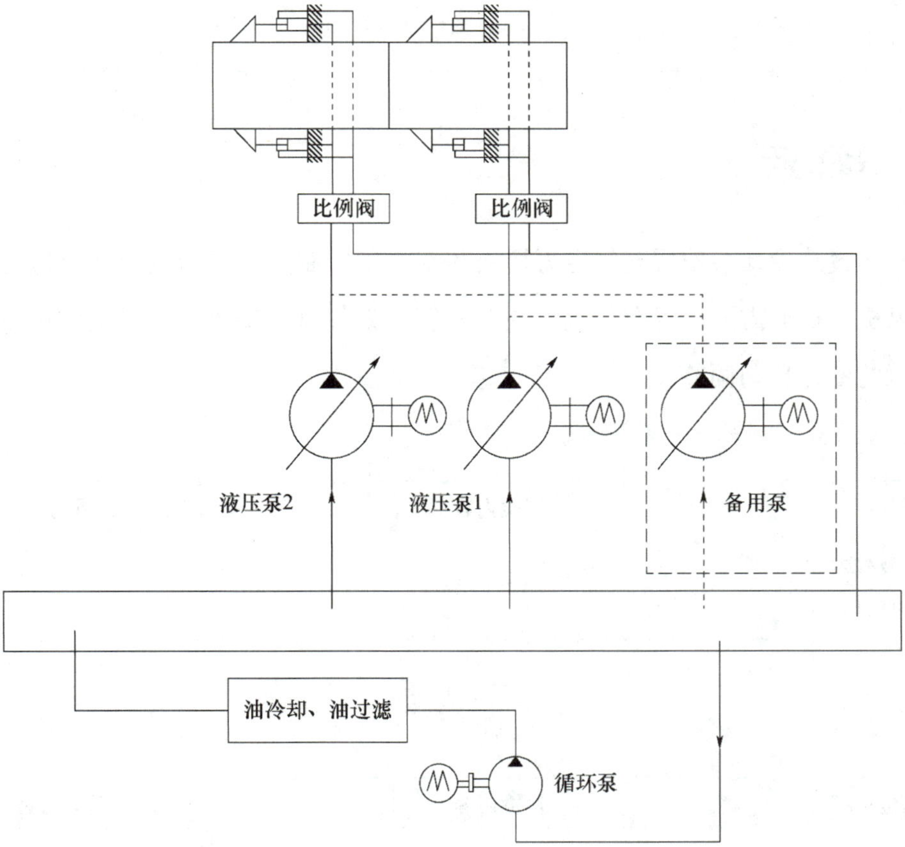

图 3-2　大型篦冷机结构

液压系统由液压泵、比例控制阀、油箱等组成。液压泵的功能是产生油流和油压。比例控制阀是控制篦床的运行速度和方向。油箱是用来储存一定量的油液等。

电控制系统主要由控制电柜和控制软件等组成，其功能是实现传动的控制、调整和自我保护。

巡检点 3：篦式冷却机内部

巡检点	巡检内容	工具/方法
篦式冷却机内部		

巡检点 4：冷却机风机

巡检点	巡检内容	工具/方法
冷却机风机		

小提示

第三代篦式冷却机使用充气阻力篦板和空气梁控制技术。为空气梁供应冷风的是离心式风机，根据需要配置在前端、左右两侧，为各风室供风。各风室的风量大小可根据风压的变化自动调节。

巡检点 5：气室及气室卸料机构

巡检点	巡检内容	工具/方法
气室及气室卸料机构		

巡检点 6：喷水系统

巡检点	巡检内容	工具/方法
喷水系统		

巡检点 7：破碎机

巡检点	巡检内容	工具/方法
破碎机		

小提示

锤式破碎机是篦式冷却机系统中一个主要部件，其作用是将冷却到一定温度凝结成大块的熟料破碎。

巡检点 8：拉链机

巡检点	巡检内容	工具/方法
拉链机		

小提示

大型水泥企业用于熟料输送的设备，大多采用板链斗式输送机。它可以同时沿水平和倾斜方向输送物料，可由篦式冷却机的底部将物料输送到高达几十米的熟料库顶。

2. 篦式冷却机的润滑

表 3-5　篦式冷却机的润滑

润滑部位	润滑剂	加油（或脂）周期（h）	每点每次充油（脂）量
托轮轴承			
曲柄轴头			
轴头密封			
拉链机头尾轴承			
翻板阀轴承			
破碎机轴承			
篦床传动减速器			

续表

润滑部位	润滑剂	加油（或脂）周期（h）	每点每次充油（脂）量
篦床传动滚子链			
拉链机摆线针轮减速器			
拉链机托辊轴承			
翻板阀摆线针轮减速器			
拉链机张紧装置			
风机轴承			

3. 篦式冷却机常见故障分析

故障1：篦板翻起，大量漏料

故障2：漏风、漏料

故障3：篦板变形

故障4：篦板间隙过大

故障5：篦床跑偏

故障6：机件振动突然加剧

故障7：破碎机内部产生敲击声

故障8：破碎机轴承易烧毁

故障9：破碎机传动皮带打滑

故障10：破碎机出料尺寸过大

以上为篦式冷却机常见故障，你能分析这些故障的产生原因并提出合理的处理措施吗？请从以上故障中任意选择一个进行详细分析。

故障名称：

原因分析：

处理方法：

知识链接

篦式冷却机开机前的检查

① 逐点检查篦板紧固情况，检查篦板固定螺栓锁紧螺母是否点焊牢靠。

② 检查破碎机，检查锤头与篦条之间的间隙是否为 25mm。

③ 在篦式冷却机一、二室篦床上铺 200~250mm 厚熟料，以减少烘窑期间热量辐射损失。

④ 检查篦式冷却机各风管是否漏风，冷却风机是否正常。

⑤ 检查篦式冷却机耐火材料砌筑是否合格。检查各空气室之间的密封是否完好，壳体密封是否完好。

⑥ 检查泵的自动间隙时间是否符合要求，泵的工作压力是否能达到要求，液压缸是否漏油。

企业案例

熟料辊式破碎机替代锤式破碎机的实践

案例概述：某公司 4500t/d 新型干法水泥生产线于某年投产，篦冷机（型号：LBT42310）配套破碎机为锤式破碎机（型号：ϕ1000mm×3800mm），在长期的高速连续运转中一直存在着振动大、噪声大、电耗高、锤头及锤盘磨损量大、遇到大块熟料时需停机进行人工破碎等缺点。为此，进行了熟料辊式破碎机替代锤式破碎机的技改实践，取得了良好的效果。

请查阅李森发表的文献“熟料辊式破碎机替代锤式破碎机的实践”，完成案例分析。

案例启示：

评价反馈

表 3-6　学习任务评价表

班级：	姓名：		学号：			
任务	篦式冷却机的巡检					
评价项目	评价内容	分值	评价			综合得分
			自评	互评	师评	
职业素养 40%	态度端正，无缺勤、迟到、早退现象	5				
	穿戴整洁，注重修养，文明礼貌	5				
	积极参加教学活动，能按时完成工作任务	6				
	字迹清楚，书面整洁	6				
	团队合作，与人交流能力（任务分组）	6				
	刻苦钻研，精通业务，终身学习，不断创新	6				
	环保意识与节能意识	6				
专业能力 60%	绘制篦式冷却机结构简图	10				
	制作设备巡检表，正确进行运行中的巡检	10				
	正确进行设备润滑	10				
	正确进行事故分析	10				
	正确表述开机前检查和停机维护项目	10				
	正确进行企业案例分析	10				
合计		100				

关于科学精神

真正的科学精神，是要从正确的批评和自我批评发展出来的。真正的科学成果，是要经得起事实考验的。有了这样双重的保障，我们就可以放心大胆地去做，不会自掘妄自尊大的陷阱。——李四光

模块 4

窑尾废气处理设备巡检

项目导读

窑尾废气处理系统从一级预热器热风出口到窑尾的排放烟囱为止，工艺流程如图 4-1 所示，主要设备有增湿塔、窑尾高温风机、电收尘器（或袋收尘器）、收尘风机等，请完成以上设备的巡检。

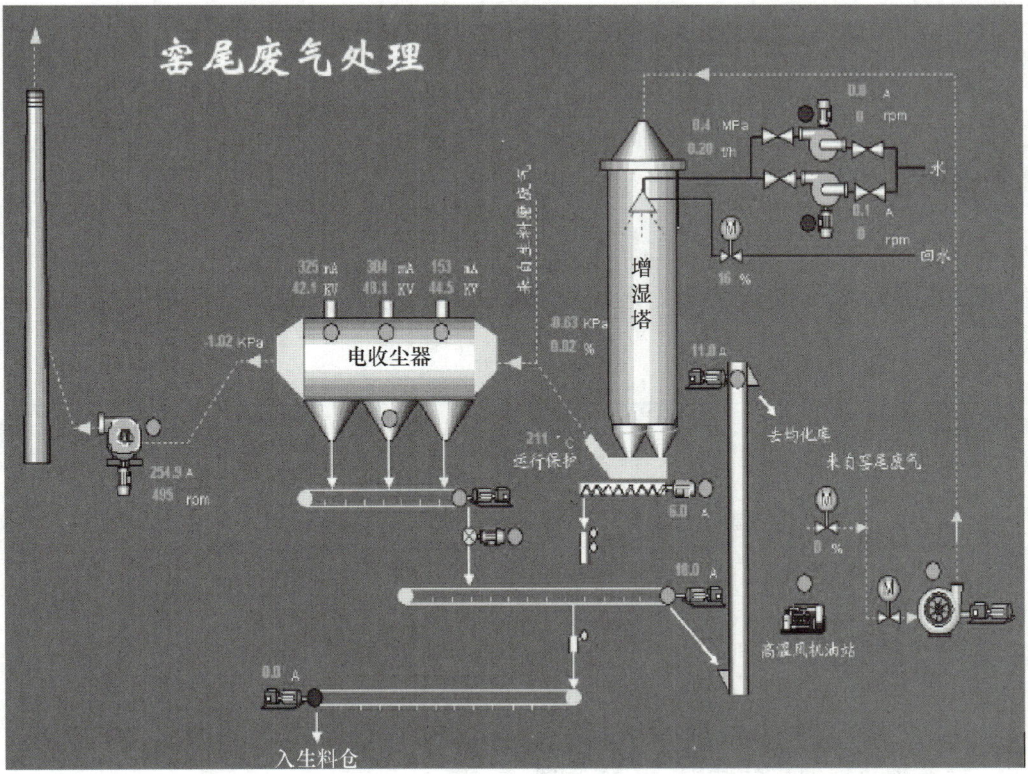

图 4-1　窑尾废气处理系统流程

学习目标

1. 熟知增湿塔与窑尾预热器和收尘器的工艺布置关系。

2. 熟知增湿塔的结构、原理、技术参数。

3. 熟知高温离心风机与原料磨、回转窑系统的工艺布置关系。

4. 熟知高温离心风机的结构、工作原理及技术参数。

5. 了解进气温度对高温风机运行工况的影响。

6. 熟知电收尘器与窑、磨之间的工艺关系。

7. 熟知电收尘器的结构、工作原理、技术参数。

项目实施

任务1　增湿塔的巡检

任务描述

增湿塔是对烟气进行增湿处理的设备，其主要技术参数如下，请完成增湿塔的巡检。

设备名称	主要性能
增湿塔	型号：9.5m×39m；处理风量：900000m^3/h 工作温度：320℃（450℃）；压力损失：300Pa

学习目标

1. 熟练表述增湿塔的结构、工作原理。

2. 正确表述增湿塔与窑尾预热器和收尘器的工艺布置关系。

3. 能完成增湿塔的巡检任务。

4. 能正确表述增湿塔开机前检查和停机维护项目。

5. 能分析增湿塔常见故障产生原因并未取相应的解决措施。

6. 树立环保意识，能多角度、多方位分析问题。

任务分组

班级		组号		指导老师	
组长		学号			
组员及任务分工					

工作准备

通过借阅或网上查询的方式，了解增湿塔结构、工作原理及巡检所需的仪器、工具。

步骤 1：请绘制增湿塔结构简图，并标出各部分名称。

增湿塔

步骤 2：运用 Excel 制作增湿塔设备巡检表。

增湿塔的巡检表

工作实施

1. 运行中的巡检

巡检点 1：喷枪

巡检点	巡检内容	工具/方法
喷枪		

小提示

喷枪的形式与结构主要有压力式、回流式两种，大型增湿塔上采用内外流式，压力式喷枪。这种形式的喷枪压力通常为 4～6MPa，高压水流从接头进入，通过分流板上斜孔进入内座的外腔（内座沿切线方向对称开设 2 个小孔），水流沿切线由外腔进入内座的内腔，沿内座内壁产生高速旋流，然后由喷嘴口喷出雾状的水。

巡检点 2：水路

巡检点	巡检内容	工具/方法
水路		

小提示

通常情况下，喷雾增湿装置设计有供水管路和回水管路。供水管路由水泵经过三通阀供水环管。三通阀可构成两个通路：一个是供水通路（由通电时导通），即水泵出水与供水环管之间的通路；另外一个是排水通路（由断电时导通），即供水环管与排水管的通路，排水管将水返回水箱。回水管路由回水环管经过电动调节阀将水返回水箱。其中，排水管路上装有电动二通阀，其作用是通电时截止输水，断电时打开。增湿塔顶部运用的是回流式喷枪，喷枪与供水环管相接，通过调节喷水装置的回水量可以调整增湿塔的工作能力和状况。

巡检点 3：水箱

巡检点	巡检内容	工具/方法
水箱		

巡检点 4：水泵

巡检点	巡检内容	工具/方法
水泵		

巡检点 5：卸灰装置

巡检点	巡检内容	工具/方法
卸灰装置		

小提示

在灰斗下方设置的排灰装置为桨叶式螺旋输送机，用以将窑灰边破碎边输送出去，在机壳下方设有便于检修和清扫的检查门，传动电机采用可逆式，为的是防止增湿塔运行不正常（如出现漏浆现象）时，可使输送机反转排出料浆，以免料浆进入后续的输送装置造成堵塞事故。为防止漏风，在输送机的出口装有电动双翻板阀。

2. 增湿塔的润滑

表 4-1　增湿塔的润滑部位

序号	润滑点		润滑剂		
	润滑部位	润滑方式	名称	标准代号	换油期
1					
2					

小提示

增湿塔的润滑点主要是其下部的翻板阀和螺旋输送机轴承。

3. 增湿塔常见故障分析

故障 1：塔内出口温度过高

故障 2：排出粉尘过湿或过少

故障 3：喷头雾化不良

以上为增湿塔常见故障，你能分析这些故障的产生原因并提出合理的处理措施吗？请从以上故障中任意选择一个进行详细分析。

故障名称：

原因分析：

处理方法：

知识链接

增湿塔开机前的检查

① 检查全部喷枪的雾化及调节情况，要求全部雾化且喷雾角度在60°~90°，回流调节阀关闭时，喷水量能达到设计要求的最大值。

② 检查塔内是否留有异物（铁丝、工具和螺栓等）。

③ 检查所有检查门是否都关闭。

④ 检查各部位紧固螺栓有无松动。

⑤ 检查翻板支阀阀板与阀座的接触情况，检查内部有无异物。

⑥ 检查回转和轴承部位的供油情况。

⑦ 检查中控室显示的运行参数与设定值是否一致。

⑧ 螺旋输送机的检查

a. 检查外壳和螺旋是否弯曲（中心线侧向弯曲左右偏差不大于3mm；中心线上下弯曲不大于8mm）。

b. 检查内部是否有异物，检查旋转部位、轴承和传动链等供油情况。

⑨ 喷水系统的检查

a. 观察供水管各个连接部位是否漏水。

b. 将水箱注满水，并检查水位控制阀是否动作可靠。

c. 确认高压水泵出水阀关闭，电动调节阀打开二通阀，关闭三通阀，喷嘴截止阀打开。

相关知识点

1. 增湿塔工作原理

当增湿塔内通过高温含尘烟气后，由水泵产生的高压水通过安装在塔体上的喷水装置向塔内喷入足量的雾化水，这些雾化水与塔体内的高温烟气进行热交换而蒸发水蒸气，由于蒸发吸热的作用，使烟气温度降低而湿度增加，同时大量的水蒸气吸附在粉尘表面，吸附水较多的颗粒在重力和惯性力的作用下沉降到塔底，由排灰系统排出，此时的混合气体比电阻值降低，温度也下降了很多，能很好地满足电收尘器及袋收尘器的要求。增湿塔具有的这种降低烟气温度、增加烟气湿度和降低粉尘比电阻的作用，称为“降温调质作用”。

2. 增湿塔的结构组成

（1）塔体

塔体主要包括以下部分：

① 筒体：位于进气口下部，水的雾化蒸发和热交换均在其内进行。

② 进气口：位于塔体的最上部，为一圆锥体。

③ 导流板和气体分布板：主要作用是平衡筒体截面各处的风速和流量。

④ 灰斗：位于下部，用于储存自然沉降和水气吸附等作用下收集的粉尘，同时还作为出气口用。

⑤ 排风锁灰装置。

⑥ 输灰装置：输灰装置为一台可逆式螺旋输送机，有两个排灰口，一个为正常排灰口，另一个为事故排灰口。

⑦ 梯子平台。

⑧ 保温部分：塔体外保温性能好，四周散热作用小，能确保增湿塔运动截面空气层中心与四周保持较小的温差，喷水雾化效果可以得到保证，壳体内侧不结露就不会形成挂壁结料。由于空气温度分布均匀，粉尘比电阻均匀下降，有利于窑尾电收尘器的高效运行。

（2）喷水装置

① 喷枪：枪体的安置向上倾斜 3°，防止停用时水流出。另外，因为中心的风速和风温比四周的高一些，在布枪时一般两个短枪不能连续布置，长枪可以。

② 管路。

③ 过滤器。

④ 各类阀门指示仪表。

（3）水泵站

水泵站由多级离心式水泵、水箱、管路、过滤器、各类阀门、测量指示仪表等组成。

（4）控制装置

控制装置包括测温装置，对水压测量、水位测量、流量测量和调节等装置进行控制，报警和显示的装置还包括水泵的供电、启动和保护装置。测温主要是进出口烟气温度，以此作为保证喷雾大小的依据。

企业案例

某企业增湿塔湿底事故

案例概述： 由于所用原料湿度过大，该企业原料立磨操作员将增湿塔水泵工作频率由平时的 30~49Hz 降至 25Hz 以下，以提高增湿塔出口气体的温度（即磨机入口气体温度），对原料进行烘干。但当水泵频率降低到一定程度时，泵的供水压力会变小，使塔顶的喷头工作时达不到应有的压力要求，水从喷头呈自流状态流出，达不到良好的雾化状态，而高温气体又不能及时、有效地将冷却水蒸发以致落到底部回灰上，从而导致塔底回灰干湿不均，出现湿底。

请大家通过网站查询并认真阅读季彦军发表的“增湿塔两起事故的原因及处理措施”，并谈谈此案例对自己的启示。

案例启示：

评价反馈

表 4-2 学习任务评价表

班级：	姓名：		学号：			
任务	增湿塔的巡检					
评价项目	评价内容	分值	评价			综合得分
			自评	互评	师评	
职业素养 40%	态度端正，无缺勤、迟到、早退现象	5				
	穿戴整洁，注重修养，文明礼貌	5				
	积极参加教学活动，能按时完成工作任务	6				
	字迹清楚，书面整洁	6				
	团队合作，与人交流能力	6				
	刻苦钻研，精通业务，终身学习，不断创新	6				
	环保意识与节能意识	6				
专业能力 60%	绘制增湿塔结构简图	10				
	制作设备巡检表，正确进行运行中的巡检	10				
	正确进行设备润滑	10				
	正确进行事故分析	10				
	正确表述开机前检查和停机维护项目	10				
	正确分析企业案例	10				
合计		100				

关于 $PM_{2.5}$

PM 是英文“细颗粒物”的字头缩写，2.5 则表示颗粒直径为 2.5μm（这个尺寸是人类头发丝直径的 1/20）。$PM_{2.5}$会给我们带来什么危害呢？原来它不仅降低能见度、影响交通出行，而且会直接伤害人们的身体健康。

科学家告诉我们，当空气中细颗粒物的直径小于 10μm 时，它便能够到达咽喉，因此被称为“可吸入颗粒物”。当颗粒物直径小于 2.5μm，甚至是纳米量级时，人类咽喉表面黏膜细胞的纤毛及其分泌的黏液也阻挡不了它们了，这些纳米颗粒便可以到达下呼吸道的细支气管内并沉积到肺泡上。$PM_{2.5}$颗粒物的表面携带着许多有害的有机、无机分子，可以像细菌一样对人体造成伤害。由于是无生命的非生物体，其危害甚至高于细菌。如果颗粒带有苯并芘等类污染物，就具有强致癌性，可能对生命造成更大的伤害。

任务2 窑尾高温风机的巡检

任务描述

窑尾高温风机用于回转窑系统的排风，它运行于高温、粉尘浓度大、磨损较严重的恶劣工况，其主要性能如下。请完成窑尾高温风机的巡检。

设备名称	主要性能
窑尾高温风机 W6-240-14No31.5F	双吸单出双支承处理风量：900000m^3/h 全压：≥7500Pa；工作温度：320℃，max450℃ 进口含尘浓度：≤80g/m^3；风机转速：930r/min

学习目标

1. 能熟练表述窑尾高温风机的工作原理与基本结构。
2. 能完成窑尾高温风机的巡检任务。
3. 能正确表述开、停机检查与维护内容。
4. 能检查润滑油路是否正常。
5. 具有认真细致、有耐心的学习态度。
6. 具有分析问题和解决问题的能力。

任务分组

班级		组号		指导老师	
组长		学号			
组员及 任务分工					

工作准备

通过借阅或网上查询的方式，了解窑尾高温风机结构、工作原理及巡检所需的仪器、工具。

步骤 1：请绘制窑尾高温风机结构简图，并标出各部分名称。

离心通风机

步骤 2：运用 Excel 制作窑尾高温风机设备巡检表。

离心风机巡检表

工作实施

1. 窑尾高温风机的巡检

巡检点 1：调节阀门

巡检点	巡检内容	工具/方法
调节阀门		

小提示

为调节风量，在进风口设置调节阀门，新型干法窑高温风机调节阀门挡板开度一般由中控室控制。

巡检点 2：机壳

巡检点	巡检内容	工具/方法
机壳		

小提示

机壳主要有两个作用：一是将叶轮中甩出来的气体导向通风口；二是将叶轮出口的动压力（动能）转变为压力。

机壳螺旋线至出口断面的延长部分称为“风舌”，其目的是防止部分气流在机壳内循环流动。风舌的几何形状及其距叶轮外圆的距离，对风机效率和噪声都有一定的影响。

巡检点 3：液力耦合器

巡检点	巡检内容	工具/方法
液力 耦合器		

小提示

根据使用情况不同，离心风机的传动方式有多种。新型干法窑高温风机的转速与电动机的转速相同，通过联轴器、液力耦合器，将通风机和电动机直连传动，这样可以使结构简化紧凑，减小机体。

窑尾高温风机功率高达 2000kW，一般情况下不允许停机，而是通过关闭液力耦合器来关闭风机。

巡检点 4：轴承

巡检点	巡检内容	工具/方法
轴承		

2. 窑尾高温风机的润滑

窑尾高温风机的润滑部位如图 4-2 所示，请完成窑尾高温风机的润滑表格（表 4-3）。

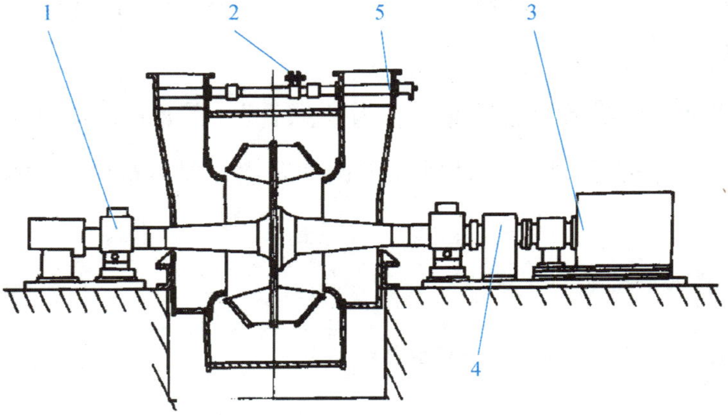

图 4-2　窑尾高温风机润滑部位

表 4-3　窑尾高温风机的润滑

润滑部位	润滑点		润滑剂	加油（或脂）周期（h）	每点每次充油（脂）量
	序号	点数			
轴承	1				
电动执行机构	2				
主电动机轴承	3				
液力耦合器	4				
阀门铰点	5				

3. 窑尾高温风机常见故障分析

故障 1：振动过大

故障 2：轴承发热

故障 3：电流大或电机温升高

故障 4：停车

以上为窑尾高温风机常见故障，你能分析这些故障的产生原因并提出合理的处理措施吗？请从以上故障中任意选择一个进行详细分析。

故障名称：

原因分析：

处理方法：

知识链接

窑尾高温风机开机前的检查

① 检查风门内杂物是否清理干净。

② 检查人孔门是否密封好，运转部位与静止部位是否正常。

③ 检查各检测装置是否完好。

④ 检查液力耦合器油量是否足够。

⑤ 检查入口挡板动作是否灵活，是否能关闭到位，指示与中控室显示是否一致。

⑥ 检查各地脚螺栓、连接螺栓是否紧固。

⑦ 确认旋转部位和静止部位是否接触。

⑧ 关闭入口挡板，启动电机润滑油油泵，启动风机主电机（启动前应检查高温风机辅助传动是否处于脱开状态），然后根据需要选择合适的风机挡板开度。

相关知识点

离心式风机是借助叶轮带动气体旋转时产生的离心力把能量传递给气体的通用流体机械。水泥企业用离心风机，一是给设备提供一定的清洁空气，二是抽吸和输送含尘气体。其主要结构如图 4-3 所示，主要工作零件有叶轮、机壳、机轴、吸入口等。

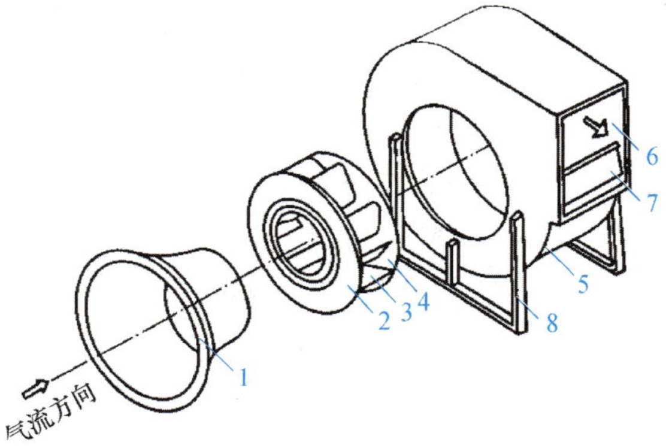

图 4-3　离心式风机主要结构分解示意图

1—吸入口；2—叶轮前盘；3—叶片；4—后盘；
5—机壳；6—出口；7—截流板，即风舌；8—支架

吸入口（集流器）： 风机的吸入口又称集流器，是连接风机与风管的部件。吸入口的作用是保证气流能均匀地充满叶轮进口截面，降低流动损失。目前常用的吸入口形式有圆筒形、圆锥形、圆弧形、锥筒形、弧筒形、锥弧形等多种。吸入口形状应尽可能符合叶轮进口附近气流的流动状况，以避免漏流及引起的损失。从流动方面比较，圆锥形比圆筒形好，圆弧形比圆锥形好，锥弧形比圆弧形好。但是，锥弧形吸入口加工复杂，一般用于高效通风机上。

叶轮： 叶轮是风机的主要零件，叶轮的结构参数和几何形状对风机的性能有重要影响。叶轮一般由前盘、后盘、叶片和轮毂所组成，有焊接和铆接两种形式。叶片是叶轮最主要的部分，离心风机的叶片一般为 6~64 个。叶片的形状、数量及其出口安

装角度对通风机的性能影响很大。

安装角 β：叶片出口的切向方向与圆周速度方向间的夹角如图 4-4 所示。

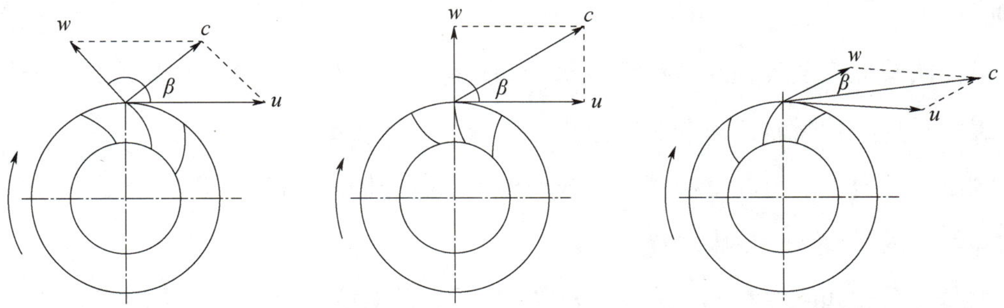

(a) 后向式叶片：$\beta>90°$　(b) 径向式叶片：$\beta=90°$　(c) 前向式叶片：$\beta<90°$

图 4-4　离心风机叶片形式

中、低压风机多采用后向式叶片，高压风机多采用前向式叶片。

机壳：采用钢板焊接成蜗壳形，它的作用是汇集叶轮甩出的气流，在它流向排气口的过程中，将气流的部分动压能转换成静压能，形成一定的风压，降低能量损失。蜗壳断面有方形和圆形两种，一般中、低压风机多呈方形，高压风机呈圆形。

进气箱：进气箱一般只使用在大型或双吸的离心风机上。其主要作用可将轴承装于风机的机壳外边，便于安装与检修，对改善锅炉引风机的轴承工作条件更为有利。对进风口直接装有弯管的风机，在进风口前装上进气箱，能减少因气流不均匀进入叶轮产生的流动损失。断面逐渐收敛的进气箱的效果较好。

前导器：一般在大型离心式风机或要求性能调节的风机的进风口或进风口的流道内装置前导器。改变前导器叶片的角度，能扩大风机性能、使用范围和提高调节的经济性。前导器有轴向式和径向式两种。

扩散器：扩散器装于风机机壳出口处，其作用是降低出口流体速度，使部分动压转变为静压。根据出口管路的需要，扩散器有圆形截面和方形截面两种。

企业案例

高温风机振动故障诊断与分析

案例概述：某公司 1000t/d 新型干法生产线经过改造后，产量从 900t/d 提高到了 1350t/d，窑尾高温风机工作转速从原来的 1050r/min 提高到了 1300r/min。风机转速提高后，异常振动越来越频繁，曾经造成轴承损坏、轴承走内圆、轴承座螺栓断裂、机架地脚螺栓断裂等多次故障。风机的振动问题制约了产量的稳定提高，只能保持在1200t/d左右。

请查阅黎运树发表题为“高温风机振动故障诊断与分析”文献，完成案例分析。

提示：故障诊断时，该企业的做法主要分为以下几步：

测量振动值，找出异常振动点；振动异常原因分析——风叶积料；生产记录印证；振动异常原因分析——地脚螺栓松动。

故障诊断就如医生看病，只有找对“病灶”，并对症下药，才能根治疾病哦！

评价反馈

表 4-4　学习任务评价表

班级：		姓名：		学号：		
任务	窑尾高温风机的巡检					
评价项目	评价内容	分值	评价			综合得分
			自评	互评	师评	
职业素养 40%	态度端正，无缺勤、迟到、早退现象	5				
	穿戴整洁，注重修养，文明礼貌	5				
	积极参加教学活动，能按时完成工作任务	6				
	字迹清楚，书面整洁	6				
	团队合作，与人交流能力	6				
	刻苦钻研，精通业务，终身学习，不断创新	6				
	环保意识与节能意识	6				
专业能力 60%	绘制窑尾高温风机结构简图	10				
	制作设备巡检表，正确进行运行中的巡检	10				
	正确进行设备润滑	10				
	正确进行事故分析	10				
	正确表述开机前检查和停机维护项目	10				
	正确进行企业案例分析	10				
合计		100				

二氧化碳气体为什么会产生温室效应？因为温室气体能吸收地表长波辐射，与“温室”作用相似，如图 4-5 所示。若无“温室效应”，地球表面平均温度将是-18℃，而非现在的 15℃。

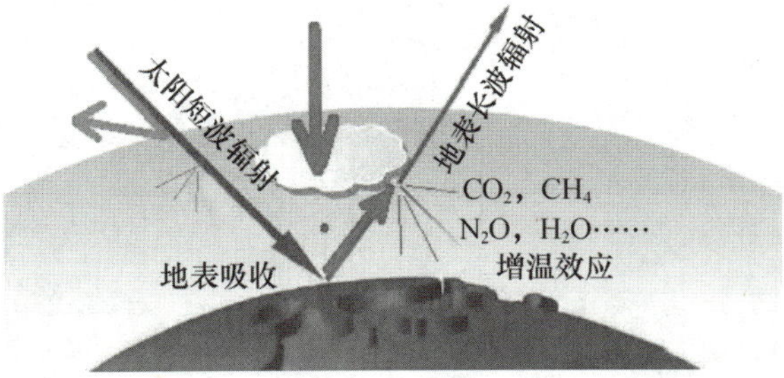

图 4-5　温室效应

任务3　电收尘器的巡检

任务描述

目前，烧成系统收尘主要采用电收尘器或袋收尘器，近些年有袋收尘器取代电收尘器的趋势。电收尘器主要由两大部分组成：一部分是产生高压直流电的供电组和低压控制装置；另一部分是电收尘本体，主要包括电极系统、清灰系统、气体均布装置、保温箱及排灰装置。

电收尘器的主要性能如下，请完成电收尘器的巡检。

设备名称	主要性能
电收尘器	处理废气量：900000m^3/h；废气温度：90~150°C，max300℃入口 废气浓度：≤90g/Nm^3；最大排放浓度：≤50mg/Nm^3 气流速度：0.88m/s；废气露点：>47℃ 设备阻力：<200Pa；横断面积：284.3m^2 室数：2个；每室电场数：3个；设计压力：-2000Pa

学习目标

1. 能熟练表述电收尘器的结构、工作原理及技术参数。
2. 能正确表述电收尘器与窑、磨之间的工艺关系。
3. 能完成电收尘器的巡检任务。
4. 能准确表述电收尘器的开机前检查和停机维护项目。
5. 能分析故障产生的原因及解决措施。
6. 具备环保意识，认真、有耐心，有举一反三的学习能力。

任务分组

班级		组号		指导老师	
组长		学号			
组员及任务分工					

工作准备

通过借阅或网上查询的方式，了解电收尘器结构、工作原理及巡检所需的仪器、工具。

步骤 1：请绘制电收尘器工作原理示意图。

静电除尘器

步骤 2：运用 Excel 制作电收尘器设备巡检表。

电收尘器巡检表

工作实施

1. 电收尘器的巡检

巡检点 1：高低压柜

巡检点	巡检内容	工具/方法
高低压柜		

小提示

电收尘器是利用高电压下的气体电离和电场作用力，使粉尘从含尘气体中分离出来，因此，电收尘器设有产生高压直流电的供电装置和低压控制装置。

巡检点 2：卸料器与输送机

巡检点	巡检内容	工具/方法
卸料器与输送机		

巡检点 3：壳体与进出风管道

巡检点	巡检内容	工具/方法
壳体与进出风管道		

小提示

壳体包括灰斗、进气口和出气口等。壳体必须具有足够的强度和刚度，其中主要受力构件有立柱、顶梁、底梁、端梁、风撑、极板悬吊梁等。形成电收尘器内部收尘空间的壳体零件所有拼接及连接焊缝均须做到密封不漏气。灰斗板、进出气口板等与地面的倾角均应大于粉尘的休止角，以防内部积灰或卸灰不畅。壳体除承受本体重量、运行负压（或正压）、风载等载荷外，还应考虑烟气及粉尘对于墙板内壁的磨损和腐蚀作用。

巡检点 4：保温箱

巡检点	巡检内容	工具/方法
保温箱		

巡检点 5：振打装置

巡检点	巡检内容	工具/方法
振打装置		

小提示

一台卧式电收尘器一般有三种振打机构，分别对分布板、沉淀极和放电极进行振打清灰。每个电场各有一套沉淀极和放电极振打装置，一般设置在电场终端；电场较长时可在每个电场的进端和出端分别设置振打装置；电场很高时（达到 9m 以上），分布应当灵活，传动装置与壳体之间应保持密封。

振打机构的作用是清灰，传动装置的运转应当灵活，传动装置与壳体之间应保持密封，振打锤应当具有足够的振打力，否则达不到预期的清灰效果。同时，避免振打力过大以免造成粉尘的二次飞扬。沉淀极振打的最佳振打力是使沉淀极板上积灰成片状脱落。振打力的大小以受振打构件表面测得的切向和法向加速度来衡量。振打锤头和砧头应牢固可靠并且耐磨损，振打轴使用的轴承由于工作环境恶劣，又无法进行润滑，因此要求耐磨和防尘。对放电极振打机构，还应确保传动装置与内部构件之间的绝缘性能。放电极振打传动装置有的设置在壳体项部，有的设置在壳体的侧部，分别称顶部传动机构和腰部传动装置。两种传动方式各有利弊。

巡检点6：电缆

巡检点	巡检内容	工具/方法
电缆		

2. 电收尘器的润滑

表4-5　电收尘器的润滑

序号	润滑点		润滑剂		
	润滑部位	润滑方式	名称	标准代号	换油期
1	轴套				
2	振打传动轴承				
3	振打减速机				
4	链轮				
5	链条				
6	翻板阀				
7	输送机轴承				

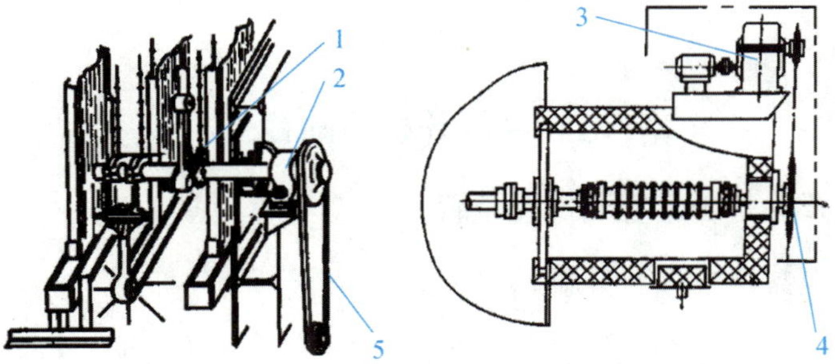

图4-6　电收尘器的润滑部位

3. 电收尘器常见故障分析

故障1：排灰装置卡死或保险跳闸

故障2：收尘效率低

故障3：电流大，电压升不高，接近于零

故障4：电流不稳，急剧波动

故障5：电压正常，电流低

故障6：电流正常，电压降至较低便发生闪络

以上为电收尘器常见故障，你能分析这些故障的产生原因并提出合理的处理措施吗？请从以上故障中任意选择一个进行详细分析。

故障名称：

原因分析：

处理方法：

知识链接

电收尘器开机前的检查

① 检查现场开关是否已打到中控位置。

② 确认电收尘器内无人，并确认机内无杂物。

③ 检查各附属设备是否完好，各密封件和接头应完好无损，拆除伸缩节上所有固定螺栓，以使壳体受热膨胀时能够自由伸缩。

④ 检查绝缘套管、绝缘棒是否清洁，若损坏须及时更换，绝缘子加热器内部、外壳应清洁、干燥、无损坏。

⑤ 检查各部位螺栓是否紧固，各润滑点是否润滑良好。

⑥ 接地装置及其他安全设施必须安全可靠。

⑦ 检查振打装置是否符合工作条件，振打连接件是否牢固可靠。

⑧ 检查粉尘输送拉链机、回转阀是否正常运行，下游设备是否正常运行。

⑨ 检查系统有无破损点，不能有系统漏风；带电设备、电机、高压柜防雨盖是否会漏雨。

企业案例

由一、二次电流及电压分析电收尘器故障

案例概述：由于电收尘器内部构造以及性能的特性，通常来说维修人员是不允许进入电场内部的。借助电收尘器的 4 块表，即一次电流表、二次电流表、一次电压表、二次电压表，来分析存在的一些问题，表 4-6 为电收尘器常见故障。

请查阅张挺和田海峰共同发表的文献“由一、二次电流及电压分析电除尘器故障”，并谈谈该文献对你有何启发。

表 4-6　电收尘器常见故障及表现

序号	一次电流	一次电压	二次电流	二次电压	表现
1	0	0	0	0	电场投不上
2	正常	正常	偏大	升不高或接近 0	见正文
3	正常	正常	正常或偏大	升不高便发生闪络	见正文
4	正常	正常	显著偏低	正常	见正文
5	正常	正常	0	正常	见正文
6	正常	正常	不稳定，毫安表指针急剧摆动	正常	见正文
7	正常	正常	正常	正常	收尘效率下降

案例启示：

评价反馈

表 4-7　学习任务评价表

班级：	姓名：		学号：			
任务	电收尘器的巡检					
评价项目	评价内容	分值	评价			综合得分
			自评	互评	师评	
职业素养 30%	态度端正，无缺勤、迟到、早退现象	5				
	穿戴整洁，注重修养，文明礼貌	5				
	积极参加教学活动，能按时完成工作任务	6				
	字迹清楚，书面整洁	6				
	团队合作，与人交流能力（任务分组）	6				
	刻苦钻研，精通业务，终身学习，不断创新	6				
	环保意识与节能意识	6				
专业能力 70%	绘制电收尘器结构简图	10				
	制作设备巡检表，正确进行运行中的巡检	10				
	正确进行设备润滑	10				
	正确进行事故分析	10				
	正确表述开机前检查和停机维护项目	10				
	正确进行企业案例分析	10				
合计		100				

关于二氧化碳（CO_2）

如果大气中的二氧化碳等温室气体太多，将有大于81%的太阳辐射返回到地球表面，将使地球的平均气温上升。19 世纪末以来，全球二氧化碳气体的排放量持续增加，使全球气温上升，造成一系列气候问题。倡导节能减排、低碳生活，是人类不可忽视的大事。

模块 5

水泥制成设备巡检

项目导读

水泥制成工艺流程如图 5-1 所示。现在，由你负责该工序各设备巡检工作，请完成辊压机、滑履磨、O-Sepa 选粉机和空气输送斜槽的巡检。

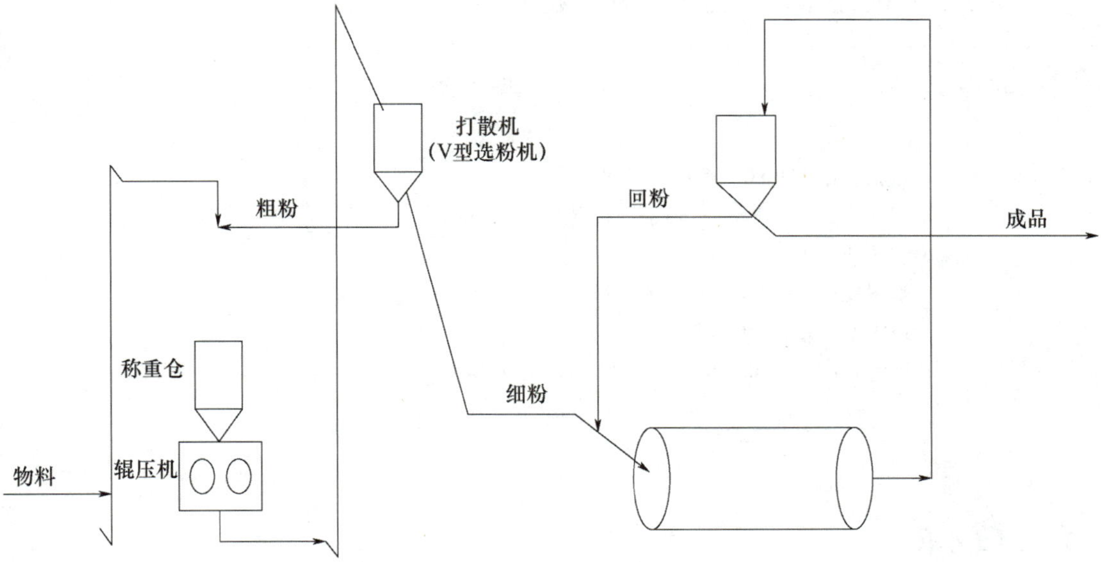

图 5-1　水泥制成工艺流程

学习目标

1. 熟知水泥粉磨工艺流程知识。
2. 熟知滑履磨、辊压机的结构和工作原理。
3. 掌握滑履磨、辊压机润滑系统的组成及技术参数。
4. 熟知选粉机的类型、结构、性能及技术参数。
5. 熟知选粉机与滑履磨、辊压机所构成的闭路粉磨工艺流程。

项目实施

任务 1 辊压机的巡检

任务描述

请完成辊压机的巡检，其主要性能参数如下：

设备名称	主要性能
辊压机	规格：RP120-80；数量：2 台 辊子直径：1200mm；辊子有效宽度：800mm 辊子线速度：1. 31m/s。 喂料粒度：<30mm 占 80%，30~60mm 占 10% 最大通过量：180~230t/h 卸料粒度：<2mm 占 65%，<0. 09mm 占 25%

学习目标

1. 熟练表述辊压机的结构、工作原理及技术参数。
2. 能完成辊压机的巡检任务。
3. 能实施辊压机开机前检查和停机维护项目。
4. 能分析辊压机常见故障产生原因并提出解决措施。
5. 能认识量变和质变的辩证关系。

任务分组

班级		组号		指导老师	
组长		学号			
组员及任务分工					

工作准备

通过借阅或网上查询的方式，了解辊压机结构和工作原理并列出巡检所需的仪器、工具。

步骤 1：请绘制辊压机结构简图，并标出各部分名称。

辊压机结构

步骤 2：运用 Excel 制作辊压机设备巡检表。

工作实施

1. 运行中的巡检

巡检点 1：机架

巡检点	巡检内容	工具/方法
机架		

小提示

机架是辊压机的基础，挤压粉碎力由其承受。主机架采用工字形与箱形钢结构，它由上下横梁、左右立柱、承载销、定位销、导轨及高强度的连接螺栓等组成。

机架上的调节垫板主要用来调节辊缝的初始值。借助中间立柱使两活动辊轴承座与固定轴承座紧紧压靠，并将初始液压推力传递给立架。当要改变辊缝时，可更换不同厚度的调节垫板。

巡检点 2：壳体

巡检点	巡检内容	工具/方法
壳体		

小提示

壳体设计有四大部分，以便于拆卸、安装，其与进料装置装配在一起可以覆盖辊子裸露的部分，达到防尘的效果。

巡检点 3：可调式进料装置

巡检点	巡检内容	工具/方法
可调式 进料装置		

小提示

进料装置是保证物料能均匀、定量地进入压力区，并使物料受到良好挤压的一个重要装置。在工作中，物料要始终充满整个进料装置，由其导向进入磨辊的压力区。进料装置由导板、挡板、侧挡板、调节插板和侧挡弹性顶紧装置组成，如图 5-2 所示。

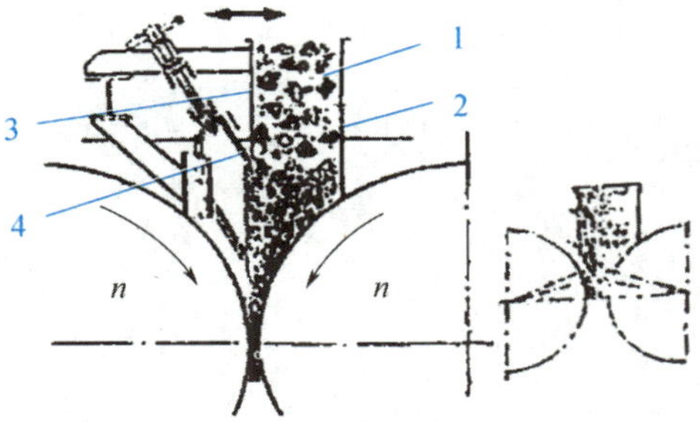

图 5-2　可调式进料装置示意图

1—喂料斗；2—喂料斗的固定壁；3—喂料斗的调节壁；4—调节插板

巡检点 4：辊子轴承

巡检点	巡检内容	工具/方法
辊子轴承		

小提示

辊压机的挤压辊由 2 个大小相同、相向转动的辊子组成，其中，固定挤压辊固定在机架上，活动挤压辊在机架导轨内作往复运动，由 4 只油缸驱动辊子对物料进行挤压。

巡检点 5：扭力支承

巡检点	巡检内容	工具/方法
扭力支承		

小提示

扭力支承主要是防止减速器输出扭矩时的整体转动，通过四边形机架平衡转矩。该四边形的主要接点处安装有关节轴承，并且扭力矩可以绕轴线与曲柄一起转动，这样整个机构则可以满足平衡转矩和随挤压辊一起水平移动的要求。

巡检点 6：液压系统

巡检点	巡检内容	工具/方法
液压系统		

小提示

液压系统是实现辊压机功能的关键部件，是为挤压辊所需的挤压破碎力而设计的。其作用主要表现在两个方面：一是起液压弹簧作用，即向辊压机提供工作所需的挤压力；二是兼有液压保护功能。当辊压机两辊之间进入不可挤压物时，液压系统可根据压力的变化，使辊子自动退让，在不可挤压物通过后，液压系统又使辊子恢复原来的辊缝，辊压机继续工作，从而可保护辊面、轴承等关键零部件免受过大的冲击，延长其使用寿命。辊压机的性能直接影响挤压粉碎物料的质量和设备的安全可靠。

液压系统由液压油泵站、阀台（包括电磁球阀、溢流阀、单向阀、单向节流阀等）、主油缸、蓄能器、耐振压力表和管路等几大部分组成。图 5-3 所示为辊压机液压系统。

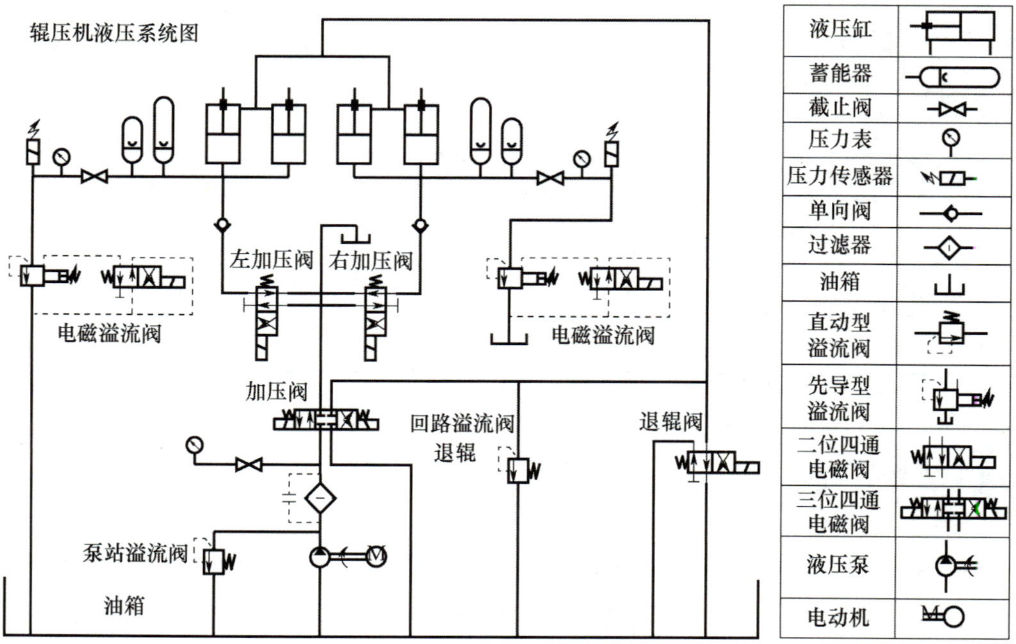

图 5-3　辊压机液压系统

其工作过程如下：

辊压机启动前，应将两辊间料放空，使主电动机轻载启动，以减小对电网和设备的冲击。启动主电动机后，液压系统向左、右油缸供油的加压电磁阀通电，同时液压油泵电动机启动，于是活动辊朝着固定辊方向移动。如因活动辊两边不同的摩擦条件或其他原因致使其前进受阻，则较前一边对应加压电磁阀断电，直到两边达到平行为止。液压系统的压力持续增加到设定值，液压泵停止运行，系统处于保压状态。

一旦物料进入辊缝，为确保辊压机能正常工作，压力将被限制在设定值±2MPa 范围内，左右辊缝偏差限制在 4mm 以内。当实际压力低于设定值-2MPa 时，液压泵启动，加压电磁阀开启，使压力恢复至设定值；当实际压力高于设定值+2MPa 时，卸荷电磁阀动作，直到压力恢复至设定值。如果两台或其中一台主电动机由于接触物料而产生的压力增加使其超过额定负载 110%，卸荷电磁阀按照上述方式动作以降低接触压力，这样由于持续喂料，辊缝增加，主电机负载相应减小。

平行度的检测是通过设置在活动辊两端的位移传感器进行的，当左右辊缝偏差大于 4.5mm 时，则进行自动纠偏控制，即如果较大辊缝一端的压力低于最大设定值-2MPa，则通过增加这一端的压力直至系统最大压力以达到使偏差小于 4.5mm 的效果；如果系统在最大压力下仍不能满足辊缝平行度的要求，则系统卸荷，于是活动辊被物料推开，经过几秒钟后，活动辊重新被施压以朝固定辊方向移动，继续开始工作。

巡检点 7：干油泵

巡检点	巡检内容	工具/方法
干油泵		

小提示

干油润滑专为保证主轴承的长期、可靠运行，正常运行时其油泵工作方式为定时间歇式控制，即工作 10min，间隔 50min，如此周期性地重复工作。油泵工作时，干油左右分配器应动作，如果连续 4 个周期不动作，则发出声光报警信号，系统停机。

注意：首次运行辊压机前，一定要打足干油。设备停机期间，应根据设备的实际情况，可人工操作对轴承补充干油。

2. 辊压机的润滑

表 5-1　辊压机的润滑

润滑部位	润滑点		润滑剂	加油（或脂）周期（h）	每点每次充油（脂）量
	序号	点数			
主轴承	1				
内侧密封圈	2				
扭力杆关节轴承	3				
扭力轴轴承	4				
减速器	5				
液压系统油箱	6				
干油站油脂筒	7				
旋转接头	8				
调整丝杆轴瓦	9				
干油站齿轮马达	10				
液力耦合器	11				
万向联轴器	12				
主电动机	13				
减速器润滑站	14				

小提示

润滑系统主要用于保障主轴承的润滑和密封，以及移动辊轴承做水平移动，保障正常工作。活动辊、固定辊主减速机各有一个润滑站，包括油泵电机和温度、压力、压差、油流等检测元件。为保证润滑站正常工作，又便于现场调试和使用维护，润滑站的控制采用手动和自动两种控制方式。在手动方式下，必须人工启/停润滑站。自动方式往往用于自动启/停辊压机的工况，按照程序的设定，对系统中出现的温度、压力、压差、油流等不正常信号进行检测，并发出报警信号。

3. 辊压机常见故障分析

故障 1：产量过大，但挤压物料质量下降

故障 2：辊压机辊面损坏

故障 3：辊压机浮动辊倾斜

故障 4：辊缝检测报警

故障 5：电机跳闸、过载

以上为辊压机常见故障，你能分析这些故障的产生原因并提出合理的处理措施吗？请从以上故障中任意选择一个进行详细分析。

故障名称：

原因分析：

处理方法：

知识链接

辊压机开机前的检查

① 检查各压力、温度、料位、辊隙、电器等仪表是否有指示，工作是否正常，核实中控室联系信号的准确性。

② 检查液压系统油箱是否达到指定的油位，润滑站油路与油量是否正常。

③ 电动机、减速器、联轴节等润滑点是否加好油（脂）。

④ 检查各部位的连接螺栓、地脚螺栓等连接紧固情况。

⑤ 检查进出料设备，核查、调整各阀门的位置与开度。

企业案例

辊压机稳流仓结构的改进与探索

案例概述：稳流仓的主要功能就是为辊压机提供连续稳定的料柱，而仓内的结构形式则直接关系到稳流效果，若设计不合理，则导致仓内布料不均甚至产生冲料、离析等问题。

请查阅陈代彦发表的文献“辊压机稳流仓结构的改进与探索”，完成案例分析。

（1）辊压机稳流仓结构改进前后的对比

（2）改进效果及原因分析

案例启示：

评价反馈

表 5-2 学习任务评价表

班级：		姓名：	学号：			
任务	辊压机的巡检					
评价项目	评价内容	分值	评价			综合得分
			自评	互评	师评	
职业素养 30%	态度端正，无缺勤、迟到、早退现象	5				
	穿戴整洁，注重修养，文明礼貌	5				
	积极参加教学活动，能按时完成工作任务	6				
	字迹清楚，书面整洁	6				
	团队合作，与人交流能力（任务分组）	6				
	刻苦钻研，精通业务，终身学习，不断创新	6				
	环保意识与节能意识	6				
专业能力 70%	绘制辊压机结构简图	10				
	制作设备巡检表，正确进行运行中的巡检	10				
	正确进行设备润滑	10				
	正确进行事故分析	10				
	正确表述开机前检查和停机维护项目	10				
	正确进行企业案例分析	10				
合计		100				

工作中的服从意识

随着生产力的发展，社会分工越来越细致，生产劳动就更加需要团结协作的精神，而一个团体如果没有人来领导就如同一盘散沙。领导的作用又是通过怎样的方法来实现的呢？那就是纪律。但如果大家的服从意识很淡薄，那么一切都是空谈。所以，不仅仅是军人，处在社会中的每一个人都需要这种服从意识。

任务 2 滑履磨的巡检

任务描述

请完成滑履磨的巡检。其主要性能参数如下：

设备名称	主要性能
滑履磨	规格：ϕ4.2m×11.5m；数量：2 台 生产能力：P·O42.5 120t/h； 产品细度：350m^2/kg±10m^2/kg 研磨体装载量：182~190t

学习目标

1. 能熟练表述滑履磨的结构、工作原理及技术参数。
2. 能完成滑履磨正常巡检任务。
3. 能正确表述滑履磨开机前检查和停机维护项目。
4. 能分析滑履磨常见故障产生原因并提出解决措施。
5. 爱岗敬业，带着目标去努力，具有高度的责任心。
6. 增强民族自豪感。

任务分组

班级		组号		指导老师	
组长		学号			
组员及任务分工					

工作准备

通过借阅或网上查询的方式，了解滑履磨结构、工作原理及巡检所需的仪器、工具。

步骤 1：请绘制滑履磨结构简图，并标出各部分名称。

球磨机

步骤 2：运用 Excel 制作滑履磨设备巡检表。

工作实施

1. 滑履磨的巡检

巡检点 1：滑履轴承

巡检点	巡检内容	工具/方法
滑履轴承		

小提示

球磨机滑履轴承的支承方式是在进料端采用一组可移动的滑履轴承支承，在出料端采用一组单侧固定式的滑履轴承支承，即一块托瓦固定，另一块托瓦移动。每个托瓦下部都装有一对凹凸球体结构，凸球体坐落在凹球体的球窝内，两者之间呈球面接触，以便磨机由于微量弯曲在回转时可以自动调位，整个托瓦通过球体坐落在托辊上，从而可以在磨筒体热胀冷缩时，允许托瓦随磨机回转部分做轴向移动。

出料端的滑履轴承中靠滑环上行侧的托瓦通过球体坐落在固定的支座上，以保证靠磨机转动一侧的滑履轴承的固定。这种支承结构能够保证托瓦与滑环之间的良好接触。

托瓦体为铸件，敷设白合金内衬，内衬应以浇注法与瓦体相结合，承受比压为 200N/cm^2。为了能形成油楔，托瓦的内径应比滑环的外径略大，其表面粗糙度 $Ra \leqslant 0.8$，因此一般不需刮瓦。托瓦瓦面上设有油囊，使高压油由此进入托瓦与滑环之间。

滑履轴承设计成能用于两个旋转方向，假如要改变磨机的旋转方向，只需重新安排刮油刷和油盘的位置及循环油管道的布置即可。滑履轴承罩全部由钢板焊接而成，上面设有检查孔以便日常操作、维护和检查。滑履轴承罩和底座之间采用橡胶及密封胶密封，使用中应加强密封，防止漏油。

巡检点 2：冷却水系统

巡检点	巡检内容	工具/方法
冷却水系统		

小提示

为了防止磨机运转中托瓦温度过高，保证磨机正常运行，托瓦需用水冷却。冷却水进口在托瓦的最低点，出水通过管子和软管接头流至安装在轴承罩外的一个排水箱，由此排走。在滑环上放置测温元件，可以在磨机运转中随时监测滑环的温度，它与主电动机连锁，一旦温度超过规定值，则使主电动机停止运行。

巡检点 3：回转部分

巡检点	巡检内容	工具/方法
回转部分		

小提示

回转部分就是随磨体一起转动的所有零部件，主要包括磨机筒体、磨头、衬板、隔仓板、出料篦板、扬料板、进出料螺旋筒、边缘传动大齿圈等。

巡检点 4：进出料装置

巡检点	巡检内容	工具/方法
进出料装置		

小提示

进料装置是将需粉磨的物料输入到磨机内；出料装置又称卸料装置，有中心卸料和边缘卸料两种方式。对磨机进出料装置的要求是不堵料、不漏料、不漏风。

巡检点 5：入磨物料

巡检点	巡检内容	工具/方法
入磨物料		

2. 滑履磨的润滑

表 5-3　滑履磨的润滑

序号	润滑点		润滑剂		
	润滑部位	润滑方式	名称	标准代号	换油期
1	滑履轴承				
2	进出料装置密封				
3	减速器				
4	电动机				

小提示

滑履轴承设置带高压启动润滑装置，每个托瓦处设置一套。高压浮升装置用于磨机的启动、停机和盘车检修，即用静压的方法在各自的托瓦和滑环之间形成一层油膜。低压润滑是由低压泵将循环油送至滑履轴承的两个油盘，其中一个油盘放置在滑圈的下方，另一个放置在一个托瓦的前面（旋转方向的前上方），滑环能在油盘内浸到油，磨机转动后，油就被带至滑环与托瓦之间，从而形成动压润滑。在滑环两端的上行侧安装一个刮油刷，以防润滑油外流，刮油刷拉杆上有弹簧拉紧，安装时可做调整，以便使刮油刷与滑环两侧贴合良好。

3. 滑履磨常见故障分析

故障 1：磨机启动困难或启动时电动机过负荷

故障 2：磨音沉闷，电耳信号低，电流表读数下降，出料少

故障 3：磨机排料量少，小时产量过低

故障 4：磨机电流表读数明显增大，电流不稳定

故障 5：高压供油系统压力上不去

故障 6：履瓦及动压润滑，所以润滑油温度过高

故障 7：润滑系统油压过高或过低

故障 8：衬板连接螺栓处漏料

故障 9：磨机内部响声异常，电耳信号异常

故障 10：齿轮齿面磨损过快，齿轮打牙或断裂，齿轮传动有撞击声

故障 11：传动轴及轴承座连接螺栓断裂

故障 12：减速机温升过高，声音异常，振动大

以上为滑履磨常见故障，你能分析这些故障的产生原因并提出合理的处理措施吗？请从以上故障中任意选择一个进行详细分析。

故障名称：

原因分析：

处理方法：

知识链接

滑履磨开机前的检查

① 检查润滑油装置油位标高；分别开启润滑系统和高压泵，检查是否有异常振动和漏油现象；检查供油情况，油量要适当，油路要畅通；检查磨机主体能否正常浮升；检查设备传动装置（包括减速机、电动机等）润滑点，是否加好润滑油或润滑脂，活动部件润滑部位是否加好油脂；箱底部放水孔、放油孔的螺栓是否拧紧。

② 检查滑履瓦冷却水系统是否畅通，确保磨机安全运转。

③ 在北方冬季启动磨机之前，应将各部件润滑油加热到5℃以上，以免润滑油黏度过大影响磨机的正常运转。冷却水和冷却油易混之处，水压应比油压低0.025~0.05MPa。

④ 检查现场各压力、温度等仪表是否有指示，工作是否正常。

⑤ 检查各处安全联系信号和安全保护装置，应灵敏可靠，所有仪表、照明均应完整。

⑥ 检查设备内部、人孔门、检修门的密封；各闸门、阀门开启到适当位置。

⑦ 检查减速器润滑系统、冷却水系统是否工作正常。

⑧ 清理现场、擦拭设备，并清除影响磨机转动的障碍物，开磨时磨机两边严禁站人。

⑨ 检查各处螺栓是否牢固。

⑩ 检查辅助传动装置的爪形离合器是否操作灵活。

球磨机运行中遇到哪些情况必须停磨?

① 磨机主电动机及传动轴承由于冷却水和润滑系统故障致使温度超过规定值，或磨机、选粉机、喂料机、输送设备的电动机电流超过规定值时。

② 边缘传动磨机的大齿圈对口螺栓松动、大小齿轮啮合部位振动较大或声音异常时。

③ 大小轴承盖或地脚螺栓严重松动或油圈不带油时。

④ 磨体内部衬板、隔仓板等局部脱落时。

⑤ 湿法磨乱棒、入磨水压不稳、水量不能控制、断水、漏浆时。

⑥ 减速机润滑失灵、轴承支架的温度突然上升超过 80℃，而且振动较大时。

⑦ 磨机“包磨”“包球”等不正常现象；选粉、收尘、输送设备出故障时。

凡出现上述情况之一都要立即停止给料，切断电动机和其他机组的电源，等候处理。这里还要提醒的是：凡是由于地脚螺栓松动而导致停机的，都是不应该发生的事情，试想，如果经常巡回检查，发现螺栓松了就拧一拧，能走到非要停机这一步吗？

企业案例

TRMK60. 3 大型水泥立磨的应用

案例概述： TRMK60. 3 水泥立磨为目前国产产量较大的水泥立磨，该磨机系统电耗低，运行电耗 27~28kW · h/t；产量高，规模化效益明显，设计产量 260t/h（比表面积 $340m^2/kg$），实际运行产量达到 280t/h（比表面积 $370m^2/kg$）；立磨运行稳定，设备操作简单，工艺系统简单，维护便捷，产品性能优异。

请查阅范柏松发表的文献“TRMK60. 3 大型水泥立磨的应用案例”，并画出 TRMK60. 3 水泥磨工艺流程图。

案例启示：

评价反馈

表 5-4 学习任务评价表

班级：		姓名：		学号：		
任务	滑履磨的巡检					
评价项目	评价内容	分值	评价			综合得分
			自评	互评	师评	
职业素养 40%	态度端正，无缺勤、迟到、早退现象	5				
	穿戴整洁，注重修养，文明礼貌	5				
	积极参加教学活动，能按时完成工作任务	6				
	字迹清楚，书面整洁	6				
	团队合作，与人交流能力	6				
	责任与细心	6				
	民族自豪感与爱国意识	6				
专业能力 60%	绘制滑履磨结构简图	10				
	制作设备巡检表，正确进行运行中的巡检	10				
	正确进行设备润滑	10				
	正确进行事故分析	10				
	正确表述开机前检查和停机维护项目	10				
	正确进行企业案例分析	10				
合计		100				

关于责任

1. 有良知的人有责任心和事业心。——苏霍姆林斯基
2. 这个社会尊重那些为它尽到责任的人。——梁启超
3. 责任感与机遇成正比。——威尔逊

任务3 O-Sepa选粉机的巡检

任务描述

O-Sepa选粉机是以空气作为流体，利用粉体颗粒在流体中的阻力、惯性力或离心力的平衡而使其按粒度大小分选开来，它被称为继离心式、旋风式选粉机之后的第三代选粉机，是笼式高效选粉机的代表，具有节能、高效的特点。O-Sepa选粉机的性能指标如下，请完成其巡检任务。

设备名称	主要性能
高效选粉机	规格：O-Sepa N-2500；数量：2台 最大喂料量：450t/h；产量：150t/h 选粉空气量：2500m³/min；转子转速：145~211r/min

学习目标

1. 能熟练表述O-Sepa选粉机结构、工作原理及技术参数。
2. 能完成O-Sepa选粉机巡检任务。
3. 能正确表述O-Sepa选粉机开机前检查和停机维护项目。
4. 能分析O-Sepa选粉机常见故障产生原因并提出解决方案。
5. 培养努力拼搏的顽强精神。
6. 刻苦钻研，精通业务，终身学习，不断创新。

任务分组

班级		组号		指导老师	
组长		学号			
组员及任务分工					

工作准备

通过借阅或网上查询的方式，了解 O-Sepa 选粉机结构、工作原理及巡检所需的仪器、工具。

步骤 1：请绘制 O-Sepa 选粉机结构简图，并标出各部分名称。

高效选粉机结构

步骤 2：运用 Excel 制作 O-Sepa 选粉机设备巡检表。

工作实施

1. 运行中的巡检

巡检点 1：壳体

巡检点	巡检内容	工具/方法
壳体		

小提示

壳体总成由壳体、灰斗、进料斗、一次空气入口、二次空气入口、三次空气入口、粗粉出口、携带细粉的气流出口弯管等组成。在壳体内部装有缓冲板、导向叶片和空气密封圈。为减少磨损，在壳体内和一、二次空气入口及弯管内均粘贴有耐磨瓷片，进料斗、导向叶片、缓冲板等处还采用堆焊复合耐磨材料板，而灰斗则利用形成的料衬来防止磨损。

巡检点2：转子

巡检点	巡检内容	工具/方法
转子		

巡检点3：二、三次风门

巡检点	巡检内容	工具/方法
二、三次风门		

巡检点4：锁风阀

巡检点	巡检内容	工具/方法
锁风阀		

2. O-Sepa 选粉机的润滑

表 5-5　O-Sepa 选粉机的润滑

序号	润滑点		润滑剂		
	润滑部位	润滑方式	名称	标准代号	换油期
1	轴式减速机				
2	滚动轴承				

小提示

O-Sepa 选粉机润滑点有两个，一是立轴式减速机，二是滚动轴承，均采用稀油润滑。主轴及滚动轴承装在轴套内，采用橡胶骨架油封及气封两种形式密封。主轴与立式减速机共用一个稀油站润滑。

3. O-Sepa 选粉机常见故障分析

故障 1：选粉机运转中发现异常的振动和噪声

故障 2：产品细度偏粗，选粉效率偏低，循环负荷大

故障 3：产品细度偏细，选粉效率偏高，循环负荷小

故障 4：壳体、风口、排气弯管、缓冲板、导向叶片等磨损严重

故障 5：电动机、减速机运转声音异常，温度过高

故障 6：壳体部分有漏料、漏灰、漏气现象

故障 7：转子不平衡，设备振动

故障 8：滚动轴承温度过高（超过 65℃）

故障 9：转子磨损严重

以上为 O-Sepa 选粉机常见故障，你能分析这些故障的原因并提出合理的处理措施吗？请从以上故障中任意选择一个进行详细分析。

故障名称：

原因分析：

处理方法：

知识链接

O-Sepa 选粉机开机前的检查

① 检查转子是否旋转平稳，有无卡滞、碰撞等现象。

② 检查减速器的油位是否达到指定的油位。

③ 检查轴套内是否充满足够的润滑油。

④ 检查主电动机转向是否正确。

⑤ 检查润滑系统的仪表是否齐全，管路是否畅通。

⑥ 检查并紧固各处连接螺栓。

减速机在什么情况下要紧急停车?

① 油温过高、振动较大、电机内产生火花、有异味、绝缘被击穿时。

② 润滑系统失灵，机体振动较大时。

③ 轴承支架温度突然上升，都超过 80℃时。

④ 电压太低、电流过高时。

⑤ 有关附属设备或其他各部件发生故障时。

出现以上一种异常情况，你就不能再犹豫了，“该出手时就出手”。

减速机漏油怎样处理?

减速机漏油是常事，不必着急，处理的方法是先把密封处清洗干净，再用纸垫、封口胶与铅油相结合的方法进行封闭，封好后静置 4h 以上，就可投入使用了。

企业案例

O-Sepa 选粉机三次风的改进

案例概述： O-Sepa 选粉机是目前水泥行业共认的最先进的第三代高效选粉机的代表。除设计了一、二次风外，还设计了用于再次清洗的三次风，其设计的本意是落入灰斗中的粗粉中仍有一定量的细粉，利用三次风对其进行再次清洗，分离粗粉中的细粉，达到提高选粉机选粉效率的目的。

案例分析：

（1）O-Sepa 选粉机三次风改进前后的对比

（2）改进效果及原因分析

案例启示：

评价反馈

表 5-6　学习任务评价表

班级：		姓名：			学号：	
任务	O-Sepa 选粉机的巡检					
评价项目	评价内容	分值	评价			综合得分
			自评	互评	师评	
职业素养 40%	态度端正，无缺勤、迟到、早退现象	5				
	穿戴整洁，注重修养，文明礼貌	5				
	积极参加教学活动，能按时完成工作任务	6				
	字迹清楚，书面整洁	6				
	团队合作，与人交流能力	6				
	刻苦钻研，精通业务，终身学习，不断创新	6				
	环保意识与节能意识	6				
专业能力 60%	绘制 O-Sepa 选粉机结构简图	10				
	制作设备巡检表，正确进行运行中的巡检	10				
	正确进行设备润滑	10				
	正确进行事故分析	10				
	正确表述开机前检查和停机维护项目	10				
	正确进行企业案例分析	10				
合计		100				

安全意识

宝剑锋从磨砺出，梅花香自苦寒来。——《警世贤文·勤奋篇》

长风破浪会有时，直挂云帆济沧海。——《行路难·其一》李白（唐）

任务4 空气输送斜槽的巡检

任务描述

空气输送斜槽的作用是将来自上一生产环节的、流动性较好的粉状物料，在流态化状态下，以较小的斜度倾斜向下输送到下一生产环节。请完成空气输送斜槽的巡检，其主要性能如下：

设备名称	主要性能
空气输送斜槽	XZ500×4290mm，2台 输送物料：出磨水泥；输送量：450t/h；倾角：10° XZ500/400mm，2台 输送物料：出磨水泥；输送量：450t/h；倾角：10° XZ400×13759mm，2台 输送物料：水泥粗粉；输送量：300t/h；倾角：10° XZ400×40975mm，1台 输送物料：成品水泥；输送量：150t/h；倾角：6° XZ400×42634mm，1台 输送物料：出磨水泥；输送量：150t/h；倾角：6°

学习目标

1. 能熟练表述空气输送斜槽的工作原理与基本结构。
2. 能完成空气输送斜槽的巡检任务。
3. 能正确表述开、停机检查与维护内容。
4. 树立细节决定成败的意识。
5. 刻苦钻研，精通业务，终身学习，不断创新。

任务分组

班级		组号		指导老师	
组长		学号			
组员及任务分工					

工作准备

通过借阅或网上查询的方式，了解空气输送斜槽结构和工作原理及巡检所需的仪器、工具。

步骤 1：请绘制空气输送斜槽结构简图，并标出各部分名称。

步骤 2：运用 Excel 制作空气输送斜槽设备巡检表。

工作实施

1. 空气输送斜槽的巡检

巡检点 1：槽体

巡检点	巡检内容	工具/方法
槽体		

小提示

槽体用 2~4mm 厚钢板制造，一般为矩形断面。槽体的主要尺寸是：槽宽（B）、上槽高（H）、下槽高（a）、单节槽体长度（l）。空气输送斜槽是以槽宽（B）的毫米数表示，主要规格有 XZ200、XZ250、XZ315、XZ400、XZ500、XZ630、XZ800 七种。为保证物料顺利流动和顶槽顺畅排风，底槽压降不要太大。

巡检点 2：进出料部分

巡检点	巡检内容	工具/方法
进出料部分		

巡检点 3：物料

巡检点	巡检内容	工具/方法
物料		

2. 空气输送斜槽常见故障分析

故障1：上下槽风压不满足要求

故障2：出料不正常

故障3：风机电动机发热，机体振动或噪声大

故障4：物料流化不良，输送不正常

故障5：帆布层破损、松弛

故障6：风机风量小、风压不足

故障7：风机运转中出现异常声响或振动

故障8：轴承过热或磨损

以上为空气输送斜槽常见故障，你能分析这些故障的原因并提出合理的处理措施吗？请从以上故障中任意选择一个进行详细分析。

故障名称：

原因分析：

处理方法：

企业案例

XZBS 型空气输送斜槽的优化改造

案例概述： 某水泥有限公司粉状物料运输多采用以高压离心式风机为动力源的 XZBS 型空气输送斜槽。该企业对 XZBS 型空气输送斜槽进行了优化改造，大大提高了透气层的使用年限，减少了非人为停机的次数，提高了设备运转率，减少了粉尘飞扬和环境污染，减少了不必要的人力和物力投入，增加了企业效益，降低了能耗。

请查阅王绥哲发表的文献“XZBS 型空气输送斜槽的优化改造”，完成案例分析。

改造前后对比：

案例启示：

评价反馈

表 5-7　学习任务评价表

班级：	姓名：		学号：			
任务	空气输送斜槽的巡检					
评价项目	评价内容	分值	评价			综合得分
			自评	互评	师评	
职业素养 40%	态度端正，无缺勤、迟到、早退现象	5				
	穿戴整洁，注重修养，文明礼貌	5				
	积极参加教学活动，能按时完成工作任务	6				
	字迹清楚，书面整洁	6				
	团队合作，与人交流能力	6				
	刻苦钻研，精通业务，终身学习，不断创新	6				
	环保意识与节能意识	6				

续表

班级：		姓名：		学号：		
任务	空气输送斜槽的巡检					
评价项目	评价内容	分值	评价			综合得分
			自评	互评	师评	
专业能力60%	绘制空气输送斜槽结构简图	10				
	制作设备巡检表，正确进行运行中的巡检	10				
	正确进行事故分析	10				
	正确表述开机前检查项目	10				
	正确表述停机维护项目	10				
	正确领悟企业案例分析	10				
合计		100				

关于责任

1. 大礼不辞小让，细节决定成败。——汪中求

2. 把每一件简单的事做好就是不简单；把每一件平凡的事做好就是不平凡。——张瑞敏

3. 天下难事，必作于易；天下大事，必作于细。——《道德经》老子

参考文献

[1] 和春梅，丁丹，涂国栋，等．新型干法水泥设备巡检［M］．武汉：武汉理工大学出版社，2013.

[2] 谢克平．水泥新型干法生产精细操作与管理［M］．北京：化学工业出版社，2008.

[3] 周来．水泥设备巡检［M］．北京：化学工业出版社，2013.

[4] 曹春辉．微雾抑尘装置在卸料点的应用［J］．水泥，2021（5）：34-35.

[5] 董哲．重型板式喂料机的故障分析与处理［J］．水泥，2016（12）：47-48.

[6] 姚琴，朱攀勇，杨广建，等．石灰石破碎机系统增产优化方案［J］．新世纪水泥导报，2019（6）：72-74.

[7] 龚建贵．CB-Omni在线分析仪在生料配料中的应用［J］．水泥，2014（1）：57-59.

[8] 王建军，张长江．新型立磨密封给料系统的应用［J］．智慧水泥，2019，3（8）.

[9] 姜浩天，姜树丰．特型旋风收尘器在生料立磨粉磨系统中的应用［J］．水泥，2019（8）：49-51.

[10] 高振华．回转窑TDG胶带斗式提升机跑偏问题处理［J］．设备管理与维修，2017（18）：38-39.

[11] 韩亚新，李振东，贺旭帅．入均化库斜槽中心筒改造［J］．中国水泥，2016（8）：109.

[12] 张淑玲，贾凤瞧，江超．投料初期预热器堵塞事故发生的原因分析及预防［J］．新世纪水泥导报，2013（5）：70-72.

[13] 吴志江，袁刚．浅析回转窑支承装置结构的改进［J］．水泥，2017（1）：65-66.

[14] 李森．采用熟料辊式破碎机替代锤式破碎机的实践［J］．水泥，2018（8）：268-269.

[15] 李彦军．增湿塔两起事故的原因及处理措施［J］. 水泥，2007（12）：43.

[16] 黎运树．高温风机振动故障诊断与分析［OL］. 中国水泥技术网，2007.

[17] 张挺，田海峰．由一、二次电流及电压分析电除尘器故障［J］. 华北电力技术，1997（11）：45-47.

[18] 陈代彦．辊压机稳流仓结构的改进与探索［J］. 水泥，2019（12）：95-97.

[19] 王绥哲．XZBS 型空气输送斜槽的优化改造［J］．水泥工程，2015（6）：51-52.